普通高等教育"动画与数字媒体专业"规划教材

Photoshop
实用案例教程

孙炳欣 孙弢 朱伟华 主编

崔雪峰 邓威 戴微微 杨铭 潘谈 副主编

清华大学出版社

北京

内 容 简 介

本书以培养读者应用 Photoshop 能力为主线,强调理论教学与实践的深入结合,全书共分为 11 章,每章均引入多个实用案例,通过对实例的训练,掌握 Photoshop 从基础知识、基本操作到较为复杂的使用方法、调色技巧到软件的高级应用,使读者在掌握软件应用的同时强化设计理念的培养。

本书面向应用型本科和高等职业教育,教材编写充分考虑到应用型本科和高等职业院校学生的学习基础、学习目标和培养目标,引入大量实用案例,大大降低了学习门槛,在教材展开过程中步步深入,切合初学者学习专业基础课程课时少、台阶式进步的需求。

本书取材新颖、概念清楚、语言简洁流畅、结构合理、通俗易懂、适用性强,便于教师指导教学和学生自学,可作为应用型、技能型人才培养的各类教育 Photoshop 课程的教学用书,也可作为成人高校、本科院校二级职业技术学院计算机类、工商管理类等专业的平面设计课程教材,并可供各类培训、计算机从业人员和爱好者参考使用。

图书在版编目(CIP)数据

Photoshop 实用案例教程/孙炳欣,孙彧,朱伟华主编. —北京:清华大学出版社,2017(2022.9重印)

(普通高等教育"动画与数字媒体专业"规划教材)

ISBN 978-7-302-46660-4

Ⅰ. ①P… Ⅱ. ①孙… ②孙… ③朱… Ⅲ. ①图像处理软件-高等学校-教材 Ⅳ. ①TP391.413

中国版本图书馆 CIP 数据核字(2017)第 036010 号

责任编辑:白立军
封面设计:常雪影
责任校对:胡伟民
责任印制:丛怀宇

出版发行:清华大学出版社
   网 址:http://www.tup.com.cn,http://www.wqbook.com
   地 址:北京清华大学学研大厦 A 座   邮 编:100084
   社 总 机:010-83470000   邮 购:010-62786544
   投稿与读者服务:010-62776969,c-service@tup.tsinghua.edu.cn
   质量反馈:010-62772015,zhiliang@tup.tsinghua.edu.cn
   课件下载:http://www.tup.com.cn,010-83470236
印 装 者:涿州市京南印刷厂
经 销:全国新华书店
开 本:185mm×260mm   印 张:16   字 数:405 千字
版 次:2017 年 4 月第 1 版   印 次:2022 年 9 月第 4 次印刷
定 价:59.00 元

产品编号:073195-01

Photoshop 作为一门专业课,必须理论与实践并重,作为应用型本科和高职院校的教材,必须充分考虑应用型本科和高职院校学生的基础、学习习惯和培养目标,在教材中体现职业性特点。本书在以下 3 个方面体现了职业特色。

(1) 在案例选材方面,大量选用贴近生活的实际问题,从真正意义上实现案例教学,精心进行实践性教学设计,将在多年教学中实践成熟的项目拓展到教学中,循序渐进、横向拓展、纵向深入。由于案例取材于实际项目,使得学生能够从分析常见问题入手,符合高等职业教育的培养目标。

(2) 在教材结构方面,深入浅出,注重学习的连贯性和渐进性,易于使学生获得成就感。章节之间的实例具有连续性,在实例后提出拓展功能,有助于学生进一步自主学习和教师根据教学情况进行引导、深化,帮助学生在最短的时间内掌握操作技巧,并在实际工作中解决问题。

(3) 为了提高教材的实用性,教材中选编的大部分案例都经过作者亲自操作检验或教学实践,案例丰富,使学生增加兴趣,增强技能。

本书以任务驱动模式组织教学,工学结合,精讲多练,提高学生的动手能力和创新能力。通过训练案例,可使学生熟练应用 Photoshop 的工具、命令、技巧,实现对软件的融会贯通,才能举一反三,遇到问题迎刃而解,最终达到快速、准确地利用熟练的技巧和方法完成想要展示的图片效果的目的。本书以"制作"为主旨,以"够用"为度。全书注重"讲、学、做",理论联系实际。编写时,力求能够培养学生动手制作项目的综合能力,让读者通过案例练习,掌握运用平面设计软件 Photoshop 进行平面设计和广告设计所应具备的基本理论和技能。

本书提供与各章节对应的素材图片,可从清华大学出版社网站下载。全书共分 11 章,内容分别如下。

第 1 章: Photoshop CS6 快速入门,简述软件的新增功能、基本操作。

第 2 章: 选区的绘制与操作,通过案例阐述选区的编辑方法。

第 3 章: 图像的填充,通过案例阐述利用工具、命令对图像的填充和描边的方法。

第 4 章: 图像的绘制与修饰,通过案例阐述绘图工具的使用方法。

第 5 章: 图像的变形,通过案例阐述图像的变换技巧。

第 6 章: 图层及图层样式,通过案例阐述图层、图层样式、混合模式的使用方法。

第 7 章: 通道和蒙版的使用,通过案例阐述通道和蒙版的实际应用技巧。

第 8 章：路径与形状工具的使用，通过案例阐述路径与形状工具的使用方法。

第 9 章：图像色彩和色调调整，通过案例阐述对图像色彩的控制。

第 10 章：应用滤镜创建特殊效果，通过案例阐述滤镜特效的创建。

第 11 章：数码照片处理技术，通过案例阐述数码照片的处理技术。

本书由吉林电子信息职业技术学院的孙炳欣、孙弢、朱伟华任主编；吉林电子信息职业技术学院的崔雪峰、邓威、戴微微、杨铭、潘谈任副主编。其中，第 1 章由孙弢编写；第 2 章由朱伟华编写；第 3 章由孙弢编写；第 4 章由崔雪峰编写；第 5 章由邓威编写；第 6 章由邓威、戴微微编写；第 7 章由杨铭、邓威编写；第 8 章由崔雪峰、潘谈编写；第 9 章由朱伟华编写；第 10 章由孙炳欣编写；第 11 章由孙炳欣编写。

由于作者水平有限，书中难免存在不妥之处，敬请各位老师和读者批评指正。

编　者

2017 年 1 月

Contents

Photoshop CS6 快速入门

【知识技能目标】

（1）了解 Photoshop CS6 的启动。

（2）掌握 Photoshop CS6 新建文档的操作方法。

（3）识记 Photoshop CS6 的工作界面。

（4）熟练掌握 Photoshop CS6 的基本操作和简单效果的制作。

【操作任务】

通过对 Photoshop CS6 的工作界面的熟悉，制作出简单的图像效果。

【操作实践】

1.1　初识 Photoshop

Photoshop 是 Adobe 公司的软件产品，在历经了 20 多年的发展，它已经成为世界上最优秀的图像编辑软件。下面就让我们来看看 Photoshop 的诞生和发展历程，以及 Photoshop 的操作界面。

1.1.1　Photoshop 的诞生与发展历程

1987 年秋，美国密歇根大学博士研究生托马斯·洛尔（Thomes Knoll）编写了一个称为 Display 的程序，用来在黑白位图显示器上显示灰阶图像。托马斯的哥哥约翰·洛尔（John Knoll）让弟弟帮他编写一个处理数字图像的程序，于是托马斯重新编写了 Display 的代码，使该程序具备了羽化、色彩调整功能，并可以读取各种文件格式。这个程序后来被托马斯改名为 Photoshop。

1988 年夏天，约翰决定实现这个程序的商业价值，于是兄弟俩把 Photoshop 交给了一家扫描仪公司，后来，Adobe 公司买下了 Photoshop 的发行权，并在 1990 年 2 月推出了 Photoshop 1.0。当时的 Photoshop 只能在苹果机（Mac）上运行，功能上也只有工具箱和少量的滤镜，但它的推出却给计算机图像处理行业带来了巨大的冲击。

随着计算机的普及应用,设计越来越依赖计算机硬件和软件,而 Photoshop 无疑是平面设计领域应用最广泛的软件之一,并已经广泛地得到世界各相关图形图像行业的认可。

1.1.2 Photoshop CS6 的新增功能

Photoshop CS6 正式版发布于 2012 年 4 月,与前一版本 CS5 的差别并不大,除了个别新增的功能外,它们之间的操作方法几乎相同。

1. 全新和改良的设计工具

更快地创作出出色的设计。应用类型样式以产生一致的格式、使用矢量图层应用笔画并将渐变添加至矢量目标,创建自定义笔画和虚线,快速搜索图层等。

2. 全新的裁剪工具

使用全新的非破坏性裁剪工具快速精确地裁剪图像。在画布上控制您的图像,并借助 Mercury 图形引擎实时查看调整结果。

3. 现代化用户界面

使用全新典雅的 Photoshop 界面,深色背景的选项可凸显您的图像,数百项设计改进提供更顺畅、更一致的编辑体验。

4. 全新的反射与可拖曳阴影效果

在地面上添加和加强阴影与反射效果,快速呈现 3D 逼真效果。拖曳阴影以重新调整光源位置,并轻松编辑地面反射、阴影和其他效果。

5. 直观的视频制作

运用 Photoshop 的强大功能来编辑您的视频素材。使用您熟悉的各种 Photoshop 工具轻松修饰视频剪辑,并使用直观的视频工具集来制作视频。

6. 后台存储

即使在后台存储大型的 Photoshop 文件,也能同时让您继续工作,改善性能以协助提高您的工作效率。

7. 自动恢复

自动恢复选项可在后台工作,因此可以在不影响您操作的同时存储编辑内容。每隔 10 分钟存储您的工作内容,以便在意外关机时可以自动恢复您的文件。

8. 轻松对齐和分布 3D 对象

可将 3D 对象自动对齐至您图像中的消失点,并利用全新的多选选项同时控制一组 3D 对象,让您更快地创建丰富的 3D 场景。

9. 预设迁移与共享功能

轻松迁移您的预设、工作区、首选项和设置,以便在所有计算机上都能以相同的方式体验 Photoshop、共享您的设置,并将您在旧版中的自定设置迁移至 Photoshop CS6。

10. 改进的自动校正功能

利用改良的自动弯曲、色阶和亮度/对比度控制增强您的图像。智能内置了数以千计的手工优化图像,为修改奠定基础。

11. 内容感知移动工具

将选中对象移动或扩展到图像的其他区域,然后使用"内容感知移动工具"功能重组和混合对象,产生出色的视觉效果。

12. 肤色识别选区和蒙版

创建精确的选区和蒙版,让您不费力地调整或保留肤色;轻松选择精细的图像元素,例如脸孔、头发等。

13. 创新的侵蚀效果画笔

使用具有侵蚀效果的绘图笔尖,产生更自然逼真的效果。任意磨钝和削尖炭笔或蜡笔,以创建不同的效果,并将常用的钝化笔尖效果存储为预设。

14. 增强的 3D 动画

使用动画时间轴对所有 3D 属性进行动画处理,属性包括相机、光源、材料和网格。导出3D 动画时的最终渲染性能获得了极大的改进。

15. 3D 立体查看和打印

轻松将常见的立体格式(如 JPS 和 MPO)导入 3D 管道,并进行简单调整以设置深度和范围。在立体显示器或电视上查看立体图像,或打印为光栅 3D 图像。

1.2 熟悉 Photoshop CS6 操作界面

实例 1:新建文档

(1) 启动 Adobe Photoshop CS6,执行任务栏中的"开始"→"程序"→Adobe Photoshop CS6 命令,即可启动 Adobe Photoshop CS6;或双击桌面上该软件的快捷图标 Ps,启动 Adobe Photoshop CS6。程序的启动界面如图 1.1 所示。

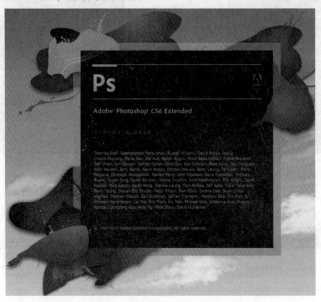

图 1.1 Adobe Photoshop CS6 的启动界面

（2）启动 Photoshop CS6 后，默认状态下 Photoshop 桌面上没有文档窗口，如果要在一个新文档窗口中进行操作，需要先创建一个新的文档。执行"文件"→"新建"命令，将打开"新建"对话框，如图 1.2 所示。

图 1.2　"新建"对话框

（3）当完成各项参数设置后，单击"确定"按钮，即可在工作区中创建一个文件。此时的工作界面如图 1.3 所示。

图 1.3　Photoshop CS6 的工作界面

实例 2：打开图像

如果要对已经保存在 Photoshop 中的文件进行编辑或修改，则需使用"打开"命令将文件在 Photoshop 中打开，具体操作步骤如下。

（1）执行菜单栏中的"文件"→"打开"命令；或使用快捷键 Ctrl+O 键；也可在操作文档

窗口的空白处双击,即可弹出"打开"对话框,如图 1.4 所示。

图 1.4　"打开"对话框

(2) 在"查找范围"下拉列表框中选择图像文件所在的路径。在"文件类型"下拉列表框中选择所要打开文件的格式,如果选择"所有格式",则全部文件都显示出来。

(3) 在文件列表中单击选中要打开的文件,单击"打开"按钮即可;也可以直接双击要打开的文件图标。如果要打开图像序列文件,选择要打开的文件后,选中"打开"对话框的下方的图像序列复选框,如图 1.5 所示,即可将所有图像序列文件导入 Photoshop 中,存储为WEB 所用格式,可生成 GIF 动态图片。

图 1.5　图像序列

（4）除了使用"打开"命令来打开文件，还可以使用"打开为"命令。"打开为"命令与"打开"命令不同之处在于，该命令可以打开一些使用"打开"命令无法辨认的文件，例如，某些图像网络下载后在保存时如果以错误的格式保存，使用"打开"命令则有可能无法打开，此时可以尝试使用"打开为"命令。

（5）如果要打开最近使用的文件，可以使用"最近打开文件"命令，执行菜单栏中的"文件"→"最近打开文件"命令，子菜单中显示了最近打开过的 10 个图像文件。如果要打开的图像文件名称显示在该子菜单中，选中该文件名即可打开该文件，省去了查找该图像文件的烦琐操作。

实例 3：保存图像

当完成一件作品或者处理完一幅打开的图像时，需要将完成的图像进行保存，这时即可应用"存储"命令。在"文件"菜单下面有两个命令可以完成对文件进行保存的功能，分别是"文件"→"存储"和"文件"→"存储为"命令。Photoshop 支持的文件格式很多，可以把在Photoshop 中编辑的图像以各种格式进行保存。保存文件的具体步骤如下。

（1）在 Photoshop 中进行过编辑并未进行保存的图像可以通过执行菜单栏中"文件"→"存储"命令；也可使用 Ctrl＋S 键，打开"存储为"对话框进行存储。

（2）在"保存在"下拉列表框中选择保存文件的路径，可以将文件保存在本地磁盘、移动硬盘或其他存储设备上。在"文件名"文本框中输入文件名称。

（3）在"格式"下拉列表框中选择文件的保存格式。Photoshop 默认的保存格式为扩展名为 PSD 或 PDD 的图像文件。在"存储选项"选项组中根据需要选择存储的参数设置，如图 1.6 所示。

图 1.6 "存储为"对话框

（4）设置完成后，单击"保存"按钮或按下 Enter 键完成图像的保存。

（5）如果图像以前保存过，现在要对修改后的文件进行保存，则执行菜单栏中的"文件"→"存储"命令或按 Ctrl＋S 键。如果想保存修改后的文件而又不影响原文件，则需使用"文件"→"存储为"命令进行存储，在弹出的"存储为"对话框中进行新文件的命名和保存。

实例 4：切换屏幕显示模式

Photoshop CS6 中提供了 3 种不同的屏幕显示模式，分别为标准屏幕模式、带有菜单栏的全屏模式和全屏模式，通过单击"工具箱"最下边"更改屏幕模式（F）" 按钮，可在 3 种屏幕模式中选择切换。也可执行菜单栏中的"视图"→"屏幕模式"下的子菜单来完成。切换屏幕显示模式的步骤如下。

（1）执行菜单栏中的"文件"→"打开"命令，或按 Ctrl＋O 键，将弹出"打开"对话框，选择文件"素材/01/屏幕显示.jpg"文件，将图像打开。

（2）单击"工具箱"最下边"更改屏幕模式（F）" 按钮，选择"标准屏幕模式"选项，切换到标准屏幕模式。在这种模式下，Photoshop 的所有组件，如菜单栏、工具栏、状态栏都被显示在屏幕上，这也是 Photoshop 的默认效果，如图 1.7 所示。

图 1.7　标准屏幕模式

（3）选择"带有菜单栏的屏幕模式"选项，屏幕显示模式切换为带有菜单栏的全屏显示模式。该模式下，Photoshop 的状态栏被隐藏，如图 1.8 所示。

（4）选择"全屏模式"选项，可以把屏幕显示模式切换到全屏显示模式。在 Photoshop CS6 中，全屏模式隐藏所有窗口内容，以获得图像的最大显示空间，并且空白区域将变成黑色，如图 1.9 所示。

实例 5：设置内存和高速缓存

使用 Photoshop 需要非常大的内存，特别是应用滤镜效果时。如果操作时内存不够，Photoshop 会自动在硬盘中虚拟一块空间作为虚拟内存来补充。所以在工作之前，设置好

图 1.8 带有菜单栏的屏幕模式

图 1.9 全屏模式

内存和磁盘的环境是非常有必要的。设置内存和高速缓存的步骤如下。

（1）执行菜单栏中的"编辑"→"首选项"→"性能"命令，打开"首选项"对话框，在"高速缓存级别"文本框中可以输入 1～8 的数字来设置画面显示和重绘的速度，数值越大则速度越快，但所需要的相应内存也就越多。

（2）在"内存使用情况"选项区中，用户可以设置 Photoshop 内存的使用率，范围为 0%～100%。

（3）在"暂存盘"选项区中可以设置 4 个作为虚拟内存的磁盘，它们之间有优先顺序，从上向下，只有当主磁盘空间不足时才会用到下方的第二设置的磁盘，依此类推，如图 1.10 所示。设置完以后单击"确定"按钮即可。

图 1.10　"首选项"对话框

实例 6：图像大小命令

在完成不同需求的设计时，有时要重新修改图像的尺寸，图像的尺寸和分辨率息息相关，同样尺寸的图像，分辨率越高，图像越清晰。当图像的像素数目固定时，改变分辨率，图像的尺寸就随之改变；同样，如果图像的尺寸改变，则其分辨率将随之变动。如果改变图像的尺寸和分辨率而不改变像素大小，可以通过使用"图像大小"命令实现。设置图像大小的步骤如下。

（1）执行菜单栏中的"图像"→"图像大小"命令，打开"图像大小"对话框，如图 1.11 所示。可在其中改变图像的尺寸、分辨率以及图像的像素大小。

图 1.11　"图像大小"对话框

（2）在"像素大小"选项组中，修改"宽度"和"高度"的值，可以修改图像像素大小数值。默认的单位为像素，可以单击单位下拉列表框右侧的下拉按钮，选择单位为像素或者百分比。

（3）在"文档大小"选项组中，通过"宽度"和"高度"文本框，可以修改图像的宽度和高度，并可以在"分辨率"文本框中修改图像的分辨率。当"分辨率"改变时，"像素大小"选项组中的"宽度"和"高度"数值也将发生相应的变化。

（4）选中"缩放样式"复选框，在缩放时将对图像应用的样式进行缩放；选中"约束比例"复选框，将约束图像高宽比，改变图像的高度，则宽度也随之等比例改变。

（5）"重定图像像素"复选框可以指定重新取样的方法，如果不选中此复选框，调整图像大小时，像素大小固定不变，当改变尺寸时，分辨率将自动改变；当改变分辨率时，图像尺寸也将自动改变。选中此复选框，则在改变图像的尺寸或分辨率时，图像像素大小会随之改变，需要重新取样。可以从下拉列表中，选择一个重新取样的样式。

① 邻近：选择该项，Photoshop 会以邻近的像素颜色插入，其结果不太精确，且可能会造成锯齿效果，但执行速度较快。

② 两次立方：选择该项，则插补像素时会依据插入点像素的颜色变化情况插入中间色，该方式效果很好，但执行速度较慢。

③ 两次线性：该方式介于前两者之间。还可以通过较平滑或较锐利来设置图像的平滑和锐利显示效果。

（6）设置完成后，单击"确定"按钮，即可修改图像的尺寸和分辨率。

实例 7：画布大小命令

使用"图像大小"命令可以将原有的图像进行放大和缩小，但是不能增加图像的空白区域或裁切原图像中的边缘图像。因此，要在图像中增加空白区域就必须利用"画布大小"命令，此命令可以在原图像之外增加空白的工作区域，增大绘图的空间或者裁切图像的边缘内容。在修改画布大小时，画布的背景颜色可以通过"画布扩展颜色"选项来修改。设置画布大小的步骤如下。

（1）执行菜单栏中的"文件"→"打开"命令，或使用 Ctrl＋O 键，将弹出"打开"对话框，选择文件"素材/01/画布大小.jpg"文件，将图像打开。打开的素材如图 1.12 所示。

图 1.12　打开的素材

（2）执行菜单栏中的"图像"→"画布大小"命令，打开"画布大小"对话框，在"定位"选项中，在中心位置单击，确定以中心为放大或缩小的定位位置，选中"相对"复选框，并设置"高度"和"宽度"值均为 1 厘米，让画布向外扩展 2 厘米大小，如图 1.13 所示。

图 1.13　"画布大小"对话框

（3）单击"画布扩展颜色"右侧的色块，打开"拾色器（画布扩展颜色）"对话框，设置颜色为黑色，如图 1.14 所示。

图 1.14　"拾色器（画布扩展颜色）"对话框

（4）设置完成后单击"确定"按钮，返回到"画布大小"对话框，单击"确定"按钮，完成画布大小的修改，完成的效果如图 1.15 所示。

实例 8：裁剪图像

除了使用图像大小和画布大小命令对图像进行修剪外，还可以使用"裁剪工具" 来修剪图像，裁剪工具不仅可以自由控制图像裁剪范围的大小和位置，还可以在裁剪的同时对图像进行旋转、变形、改变图像分辨率等操作。具体操作过程如下。

图1.15　最终效果

　　（1）执行菜单栏中的"文件"→"打开"命令，或使用Ctrl＋O键，将弹出"打开"对话框，选择文件"素材/01/裁剪图像.jpg"文件，将图像打开。打开的素材如图1.16所示。

图1.16　打开的素材效果

　　（2）在工具箱中选择"裁剪工具" ，移动鼠标指针到图像窗口中，按住鼠标左键并进行拖动，此时将出现一个四周有8个控制点的裁剪范围，确定裁剪范围后，释放鼠标即可得到如图1.17所示的裁剪框效果。如果将鼠标指针移动到控制点上，则光标会成为 形状，此时拖动鼠标即可旋转裁剪范围如图1.18所示（注：在拖动鼠标的同时，按住Shift键就会得到一个正方形的裁剪框；按住Alt键会得到一个以鼠标单击点为中心的裁剪框；按住Shift＋Alt键，可以得到以鼠标单击点为中心的正方形裁剪框；按住Alt键拖动裁剪框，将以中点为开始点进行放大或缩小裁剪框）。

　　（3）绘制裁剪框后，在裁剪框内双击或按Enter键，或单击工具选项栏中的"提交当前裁剪操作" 按钮完成裁剪操作，效果如图1.19所示。

图 1.17　裁剪框效果

图 1.18　裁剪框旋转效果

图 1.19　裁剪后的效果图

实例 9：标尺工具

"标尺工具"的主要功能是对某部分图像的长度或角度进行精确的测量,测量的数据显示在选项栏和"信息"调板中。也可通过使用"标尺工具"对一些图片中倾斜的对象进行校正,下面以倾斜的照片为例,具体操作步骤如下。

(1) 执行菜单栏中的"文件"→"打开"命令,或使用 Ctrl+O 键,将弹出"打开"对话框,选择文件"素材/01/倾斜照片.jpg"文件,将图像打开。打开的素材如图 1.20 所示,这是一张在拍摄过程中倾斜的照片。

图 1.20　初始照片

（2）单击工具箱中的"标尺工具" 按钮，按住鼠标左键沿着倾斜的水平面拉出一条线，如图1.21所示（注：在使用"标尺工具"校正照片时，先在照片上找到一个水平的参照物）。

拉出的标尺线

图1.21　拉出标尺线

（3）执行菜单栏中的"图像"→"图像旋转"→"任意角度"命令，将打开"旋转画布"对话框，对话框中显示的数值为标尺线与水平线的角度，如图1.22所示。不改变数值，单击"确定"按钮即可。

图1.22　旋转画布对话框

（4）确定旋转后，根据标尺的角度自动将照片旋转，倾斜的照片画面已经得到了校正，如图1.23所示。

图1.23　校正后的照片

（5）由于照片的旋转，使照片周围出现了不必要的空白区域，可以使用"裁剪工具"对照片进行裁剪处理。完成效果如图 1.24 所示。

图 1.24　完成效果图

实例 10：缩放图像

（1）执行菜单栏中的"视图"→"放大"命令，以图像当前显示区域为中心放大比例，如图 1.25 所示为放大前的效果；如图 1.26 所示为放大后的效果。

图 1.25　放大前的效果图

（2）执行菜单栏中的"视图"→"缩小"命令，以图像当前显示区域为中心缩小比例，如图 1.27 所示为缩小前的效果；如图 1.28 所示为缩小后的效果。

（3）执行菜单栏中的"视图"→"按屏幕大小缩放"命令，使窗口以最合适的大小和显示比例显示，显示效果如图 1.29 所示。

图 1.26 放大后的效果图

图 1.27 缩小前的效果图

图 1.28　缩小后的效果图

图 1.29　按屏幕大小缩放效果

（4）执行菜单栏中的"视图"→"实际像素"命令，使窗口以 100％的比例显示，显示效果如图 1.30 所示。

（5）执行菜单栏中的"视图"→"打印尺寸"命令，图像将以 1∶1 的实际打印尺寸显示，

图 1.30　实际像素效果

显示的效果如图 1.31 所示。

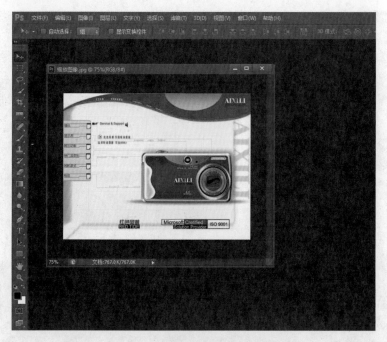

图 1.31　图像实际打印尺寸效果图

实例 11：复制和粘贴命令

（1）执行菜单栏中的"文件"→"打开"命令，或使用 Ctrl＋O 键，将弹出"打开"对话框，选择文件"素材/01/便条纸.jpg"文件，将图像打开。

（2）选择工具箱中的"磁性套索工具" ，沿蓝色图钉的边缘将其选中，选中的效果如图1.32所示。

（3）为了更好地达到融合效果，执行菜单栏中的"选择"→"修改"→"羽化"命令，打开"羽化选区"对话框，设置"羽化半径"为1像素，如图1.33所示。

（4）执行菜单栏中的"编辑"→"复制"命令，然后执行菜单栏中的"编辑"→"粘贴"命令，将选取中复制的图像粘贴出来，从图层中可以看到一个新生成的图层。

图1.32　选中效果

（5）执行菜单栏中的"编辑"→"自由变换"命令，对粘贴的图像使用自由变换，进行适当的修改变换，完成整个效果的制作，显示效果如图1.34所示。

图1.33　"羽化选区"对话框

图1.34　完成效果图

实例12：贴入命令

（1）执行菜单栏中的"文件"→"打开"命令，或使用Ctrl＋O键，将弹出"打开"对话框，选择文件"素材/01/荷花.jpg和蜻蜓.jpg"文件，将图像打开。打开的素材如图1.35所示。

(a) 荷花　　　　　　　(b) 蜻蜓

图1.35　打开图像

（2）选择"蜻蜓"为当前文件，选择工具箱中的"磁性套索工具" ，沿蜻蜓边缘将其选中，选中的效果如图1.36所示。

（3）执行菜单栏中的"编辑"→"复制"命令，将选中的蜻蜓图像进行复制，以便贴入时使用。

（4）选中"荷花"文件，执行菜单栏中的"选择"→"全部"命令，将荷花图像全部选中，执行菜单栏中的"编辑"→"贴入"命令，即可将复制的蜻蜓图像贴入到当前选区，此时在"图层"面板中产生一个新的图层，移动蜻蜓图像，使之立于荷花之上，这样就完成了贴入图像的操作。显示效果如图 1.37 所示。

图 1.36　选中效果

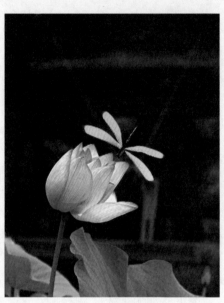

图 1.37　完成效果图

第 2 章

选区的绘制与操作

【知识技能目标】

(1) 了解 Photoshop CS6 工具箱的组成。

(2) 掌握选区的绘制与操作方法。

(3) 识记选区的各种组合键和快捷键。

(4) 熟练掌握选区操作满足各种特殊效果的制作。

【操作任务】

通过对选区进行适当的编辑,制作出特殊的图像效果。

【操作实践】

2.1 选区的创建

选区主要是通过一些特定的工具或命令进行创建,如"选框"工具组、"套索"工具组、"魔棒"工具组等。

2.1.1 "选框"工具组

"选框"工具组主要用于创建矩形、圆形、单行和单列等选区样式。

1. "矩形选框"工具

"矩形选框"工具是区域选择工具中最基本、最常用的工具,利用它可以创建矩形选区。选择"矩形选框"工具,其工具选项栏显示属性如图 2.1 所示。

图 2.1 工具选项栏显示属性

单击"添加到选区"按钮，可创建多次添加的选区效果,如图 2.2 所示。

单击"从选区减去"按钮，可创建多次减去的选区效果,如图 2.3 所示。

图 2.2　添加选区效果　　　　　　图 2.3　删减选区效果

　　单击"与选区交叉"按钮，会在新选区与原选区相交的区域产生一个新的选区。而两次选取不相交的范围将被剪裁掉。

　　在"样式"下拉列表选择"固定比例"或者"固定大小"选项，可以激活"宽度"和"高度"文本框，任意选择一个文本框输入数值，可以限制选区的大小，如图 2.4 所示。

图 2.4　样式下拉列表

2. "椭圆选框"工具

　　使用"椭圆选项"工具，可以在图像中创建椭圆或者圆形的选区。

　　选择"椭圆选项"工具，在工具选项栏中的"消除锯齿"复选框处于可用状态。

　　选中"消除锯齿"复选框后，Photoshop 会在出现锯齿开关的部分填入边缘与背景色中间色调的色彩，这样选区的硬边就不会太明显，从而可以使选区的边缘显得更加平滑一些。

　　使用"矩形选框"工具和"椭圆选项"工具绘制选区有几种快捷方法。

　　(1) 使用"矩形选框"工具和"椭圆选项"工具的同时按下 Shift 键，可以绘制一个正方形选区或圆形选区。

　　(2) 选择"矩形选框"工具或"椭圆选项"工具的同时按下 Alt 键，可以绘制一个以鼠标指针为中心的矩形选区或椭圆选区。

　　(3) 单击"矩形选框"工具或"椭圆选项"工具的同时按下 Alt＋Shift 键，可以绘制一个以鼠标指针为中心的正方形选区或圆形选区。

3. "单行选框"工具和"单列选框"工具

　　使用"单行选框"工具和"单列选框"工具，以建立一个像素宽的单行和单列的选区。

　　在工具箱中选"单行选框"工具和"单列选框"工具，然后在要选择的区域旁边单击，接着将所选区域拖曳到确切的位置即可。在使用"单行选框"工具和"单列选框"工具时，应将工具选项栏中的羽毛选项设置为 0 像素。

如果想要取消选区,只需按下 Ctrl+D 键即可。

2.1.2 "套索"工具组

"套索"工具组主要是用来选取图像中的特定区域或者绘制不规则的选区。"套索"工具组包括"套索"工具、"多边形套索"工具和"磁性套索"工具。

(1)"套索"工具:可以用来选择不规则的区域。

使用"套索"工具绘制直线线段可以按住 Alt 键,然后单击确定线段的起点和终点就可以了。在选取的状态下按住 Delete 键,就可以删除最近创建的一条线段。"套索"工具使用效果如图 2.5 所示。

(2)"多边形套索"工具:该工具可以建立多边形选区效果(见图 2.6)。

图 2.5 "套索"工具使用效果

图 2.6 "多边形套索"工具使用效果

使用"多边形套索"工具进行绘制选区时,先将鼠标移动到图像中并单击确定多边形选区的起点,然后陆续单击其他的折点来确定每一条折线的位置,最后当折点回到起点时候,光标下出现一个小圆圈,表示选择区域已经封闭,这时再单击完成操作。

按住 Alt 键,可以切换到"套索"工具。

按住 Delete 键,可以删除最近画的线条,直到剩下要留下的部分。

(3)"磁性套索"工具:可以自动识别边缘的套索工具。

使用该工具时,只要在图像上单击,Photoshop 会自动沿着图像的边缘移动,无须按住鼠标,回到起点的时候会出现一个小圆圈,松开鼠标即可以将选择区域封闭。

"磁性套索"工具参数如下。

①"宽度":设置"磁性套索"工具指定检测的边缘宽度,数值越小选取的边缘越精确。

②"对比度":设置选取时边缘反差,数值越大选取的范围越精确。

③"频率":设置选取时的节点数,数值越大,节点越多。

④"钢笔压力":此按钮只有再安装数位板时才有效果。

"磁性套索"工具使用效果如图 2.7 所示。

在选取过程中,单击可增连接点,从而更精确地创建选区。

2.1.3 "魔棒"工具组

"魔棒"工具组可以根据图像中像素的颜色相近或相同的程度来建立选区。配合该工具选项栏中的"容差"选项值和其他选项的使用,精确地选取对象。

"魔棒"工具组新增加了"快速选择"工具,可以使用快速选择工具,利用可调整的圆

图 2.7 "磁性套索"工具使用效果

形画笔笔尖快速"绘制"选区。拖动时,选区会向外扩展并自动查找和跟随图像中定义的边缘。快速选择工具使用效果如图 2.8 所示。

图 2.8 快速选择工具使用效果

2.2 选区的编辑

编辑选区主要是针对选区进行移动、显示、隐藏、变换、羽化、保存和载入等操作。

2.2.1 移动和反选选区

为创建出适合的选区,人们常常会对选区进行移动或者反向选择等操作。

1.移动选区

在图像窗口中使用"矩形选框"工具创建一个选区,然后将鼠标放到选区中,将指针放在选区边框内,拖动鼠标就可以移动选区。此外,还可以将该选区直接拖动到另一个图像的窗口中,如图 2.9 和图 2.10 所示。

当创建选区后,选择"移动"工具进行移动操作时,将会移动选区内的图像,如图 2.11 和图 2.12 所示。

图 2.9　移动前

图 2.10　移动后

图 2.11　移动前

图 2.12　移动后

(1) 若要将方向限制为 45°的倍数,先拖动选区,然后在继续拖动时按住 Shift 键即可。

(2) 若要以每次 1 个像素位置精确移动选区,使用↑、↓、←、→这 4 个方向键。

(3) 若要以每次 10 个像素精确移动选区,可以按住 Shift 键并使用方向键。

(4) 若要取消选区,使用 Ctrl+D 键,也可以执行“选择”→“取消选择”命令来取消选区。

2. 反选选区

反选选区可以将图像窗口选择区域和非选择区域交换位置,即将选择区域和非选择区域转换。

反选选区的步骤如下。

(1) 在图像中创建一个选区。

(2) 执行“选择”→“反向”命令或者使用 Ctrl+Shift+I 键,即可以看到效果,如图 2.13 和图 2.14 所示。

2.2.2　选区的编辑与应用

针对已选择的区域,进行增加、删减或者交叉等操作。

1. 增加选区

创建一个选区,按住 Shift 键不放或者单击工具选项栏中的“添加到选区”按钮，然后再创建一个选区,就可以创建一个两者区域相加的选区。

图 2.13 反向前

图 2.14 反向后

增加选区小案例如下。

(1) 打开素材图像,选择"魔棒"工具,并将工具选项栏中"容差"输入 50,在图像上创建选区,如图 2.15 所示。

图 2.15 创建选区

(2) 按住 Shift 键,或者单击工具选项栏中的"添加到选区"按钮 ，反复在图像中点击增加选区,直到满意的区域全部选择上,如图 2.16 所示。

图 2.16 增加选区

2. 删减选区

创建一个选区,按住 Alt 键不放或者单击工具选项栏中的"从选区中减去"按钮 ,然后再创建一个选区,就可以创建一个两者区域相减的选区。

3. 交叉选区

若想要建立与原选区交叉的新选区,按住 Shift+Alt 键或者单击工具选项栏中的"与选区交叉"按钮 ,然后继续绘制选区中的其他部分。

4. 剪切、复制、粘贴选区

(1) 剪切选区:创建选区,执行"编辑"→"剪切"命令,或者按下 Ctrl+X 键可以剪切所选图像。

(2) 复制选区:执行"编辑"→"拷贝"命令,或者按下 Ctrl+C 键可以复制选区内图像。

(3) 粘贴选区:执行"编辑"→"粘贴"命令,或者按下 Ctrl+V 键可以将复制或者剪切的选区图像粘贴到图像的别处,也可以粘贴到另一个新文件中。

2.2.3 选区的调整

通过选区的变换、修改、羽化、保存、载入等命令对选区进行调整。

1. 变换选区

该命令通过选区缩放、斜切、旋转、透视和变形等操作来变换选区。

在图像中创建完成选区后,执行"选择"→"变换选区"命令,打开变换选区的定界框。当鼠标位于选区定界框之内时,此时按住鼠标左键并拖动就可以移动选区,如图 2.17 所示。

将鼠标指针移动到选区定界框的控制柄上,当光标变成箭头形状时按住拖动鼠标可改变选区的大小和旋转方向,如图 2.18 所示。

图 2.17 移动选区　　　　　　　　　　图 2.18 改变选区

当变换完成后,只需单击工具选项栏中的"提交变换"按钮 或者按下 Enter 键即可完成操作;如果想取消变换,则可单击"取消变换"按钮 或者按下 Esc 键取消变换。

执行"编辑"→"变换"命令,可以按照各个子菜单命令对选区进行各项变换。或者在图像窗口中右击,在弹出的快捷菜单中选择相应的菜单项进行变换。

2. 扩展或缩放选区

使用"扩展"或"收缩"命令,可以将选区边框按照指定的数值扩大或缩小。

扩展选区的操作方法如下。

（1）打开一幅图像，并创建选区。

（2）执行"选择"→"修改"→"扩展"命令，在弹出的对话框"扩展量"中，输入数值 30，然后单击"确定"按钮。（"收缩"命令步骤与其一样）。

（3）得到图 2.19 所示的扩展效果。

图 2.19　扩展选区效果

3. 边界化

该命令可将选区周围绘制实边缘边框。

4. 平滑选区

该命令可将选择区域变得连续而已平滑，通常用于修复整理使用魔棒工具创建的不连续的选区。

5. 扩大选区

该命令可以扩展选区，以包含具有相似颜色且位置相邻的区域。

6. 选区相似

该命令可以扩展选区，以包括具有相似颜色的区域，而不单是相邻像素。

注：在位图模式的图像上不能使用"扩大选取"和"选取相似"命令。

7. 羽化选区

该命令可以通过扩展选区的轮廓达到模糊边缘的效果。羽化的半径数值越大，羽化的效果越明显。也可以在选择"选框"工具和"套锁"工具时直接定义它们的羽化值。

羽化选区的操作方法如下。

（1）创建一个选区。

（2）执行"选择"→"羽化"命令或者执行 Ctrl＋Alt＋D 键，在弹出的对话框中，设置羽化半径为 10，然后单击"确定"按钮。

（3）得到图 2.20 所示的扩展效果。

8. 存储选区

打开图 2-21，选取叶子选区，执行"选择"→"存储选区"命令，弹出对话框后可进行相关设置，如图 2.22 所示，单击"确定"按钮。该选区即被存储起来，以备调用。

9. 载入选区

将选区存储之后，执行"选择"→"载入选区"命令，弹出对话框（见图 2.23）后可在该对话

图 2.20　羽化选区效果

图 2.21　叶子

图 2.22　存储选区

图 2.23　载入选区

框中的"通道"下拉菜单中选择 vezi，单击"确定"按钮。

最后效果如图 2.24 所示。

图 2.24　载入选区最后效果

【课堂实践】

2.3　综合实例

通过对选区进行适当的编辑，可以制作出特殊的图像效果，本实例介绍利用辅助工具，复制和粘贴等命令来替换图像背景的操作过程。

（1）打开综合实例对应的素材 002.JPG 和 003.JPG，如图 2.25 和图 2.26 所示。

图 2.25　素材 002.JPG

图 2.26　素材 003.JPG

（2）选择素材 002.JPG 文件，选择"魔棒"工具，单击图像窗口中的黑色背景部分，将其选中，如图 2.27 所示。

（3）执行"选择"→"反选"命令将选区反选，然后执行"选择"→"修改"→"羽化"命令，弹出"羽化"对话框，设置其参数为羽化半径：3 像素，最后单击"确定"按钮。

（4）得到图 2.28 所示的羽化效果。

图 2.27　魔棒工具选择效果

图 2.28　羽化效果

（5）按下 Ctrl＋C 键复制该选区的图像。选择素材文件 003.JPG，按下 Ctrl＋V 键粘贴图像。并且按下 Ctrl＋T 键变换图像的大小及位置，如图 2.29 所示。

图 2.29　变化图像效果

（6）按下 Enter 键确认操作。再次按下 Ctrl＋V 键粘贴图像，按下 Ctrl＋T 键变换图像的大小及位置。并且调整其图层的透明度。最终效果如图 2.30 所示。

图 2.30　最终效果图

图像的填充

(1) 了解 Photoshop CS6 工具箱的组成。

(2) 掌握图像填充的各种操作方法。

(3) 识记图像填充的各种组合键和快捷键。

(4) 熟练掌握图像的填充操作,以满足各种特殊效果的制作。

【操作任务】

通过对图像的填充编辑,制作出特殊的图像效果。

【操作实践】

3.1 前景色与背景色的设置

Photoshop 使用前景色绘图、填充和描边选区,使用背景色进行渐变填充和填充图像中被擦除的区域。图 3.1 所示为工具箱中的前景色与背景色。默认情况下前景色为黑色,背景色为白色。用户可以使用拾取器、颜色面板、色板面板指定新的前景色和背景色。

图 3.1　设置前景色与背景色

3.1.1　使用拾色器

拾色器可以从色谱中选取或者以数字形式定义颜色。

单击前景色或者背景色的颜色框,即可打开"拾色器"对话框,如图 3.2 所示。

在 Adobe"拾色器"中,可以基于 HSB(色相、饱和度、亮度)或者 RGB(红色、绿色、蓝色)颜色模型选择颜色,或者根据颜色的十六进制来指定颜色,也可以基于 LAB 或者 CMYK(青色、洋红、黄色、黑色)颜色模型指定颜色。

颜色滑块

当前拾取颜色

拾取颜色

"溢色"警告

"非Web安全"警告

色域

颜色值

"Web颜色"选项

图 3.2 "拾色器"对话框

在图 3.2 中,在左侧将大的颜色块任意拖动,或者在右侧对话框中输入任何一种颜色模式的数值,都可以得到想要的颜色,拖动彩色长条上两个相对的空心三角形,可以改变颜色的色相。

在图 3.2 中,右侧有个小的颜色色块,上半部分是当前颜色,显示当前选取的颜色;下半部分显示的颜色是进入"拾色器"之前的原有颜色。

在"拾色器"对话框中单击"颜色库"按钮,打开"颜色库"对话框,如图 3.3 所示。

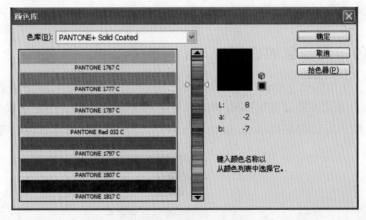

图 3.3 "颜色库"对话框

在"色库"列表中是一些公司或组织制定的颜色标准,选择一种色库,可通过中间的滑块来调整色域,单击左边的彩条可以选择该库中的颜色。

3.1.2 颜色调板

执行"窗口"→"颜色"命令或使用 F6 功能键,打开颜色调板,如图 3.4 所示。

图 3.4 颜色调板

"颜色"调板显示当前前景色和背景色的颜色数值,单击面板左侧两个重复的方块颜色可切换前景色与背景色。若要更改颜色,先单击相应的色框使其激活,然后拖动"颜色"调板上的滑块,或者直接输入数值来改变颜色。也可以将鼠标放在颜色条上,鼠标会变成吸管形状,单击颜色面板里的任意一颜色,即可取样该颜色。

单击"颜色"面板右上角的三角按钮,可切换不同颜色模式。

3.1.3　色板调板

执行"窗口"→"色板"命令打开色板调板,如图 3.5 所示。

单击色板中的任意一种颜色就可以设置其为前景色,如单击时按住 Ctrl 键,则可将选择的颜色设置为背景色。

图 3.5　色板调板

3.1.4　吸管工具

从图像中取样颜色,并将其设置为前景色或者背景色。

选择工具箱中的"吸管工具",在想要的颜色上单击即可将该颜色设置为新的前景色,当拖动吸管工具在图像上取色的时候,前景色的选择框会动态地发生相应变化。

按住 Alt 键,则可将该颜色设置为新的背景色。

取样点:可读取单击的像素的精确值。

3×3 平均或者 5×5 平均:可以读取单击区域内指定像素数的平均值,如图 3.6所示。

图 3.6　"吸管工具"工具选项栏

3.2　填充工具

3.2.1　"油漆桶"工具

"油漆桶"工具(见图 3.7):可以在图像中填充前景色颜色或者图案。填充的范围是与鼠标落点处所在像素颜色相同或者接近的像素点。

1. "设置填充区域的源"下拉列表框

在下拉列表中可以指定填充图像所选的形式。填充颜色如图 3.8 所示,填充图案如图 3.9 所示。

图案拾取器

设置填充区域的源

图 3.7　"油漆桶"工具

图 3.8　填充颜色　　　　　　　　图 3.9　填充图案

2. 图案拾取器

在"设置填充区域的源"下拉列表中选择"图案"选项就可以激活"图案拾取器"选项,单击选项右侧的三角按钮,弹出"图案拾取器"面板(见图 3.10),在该面板中可以选择合适的图案。

图 3.10　"图案拾取器"面板

按住 Shift+Backspace 键,可以调出填充面板,则可在该面板中选择填充的内容和模式,默认选择为前景色。

按住 Ctrl+Backspace 键,自动填充背景色。

按住 Shift+G 键可以实现"渐变"工具和"油漆桶"工具的相互切换。

3.2.2　"渐变"工具

"渐变"工具:产生逐渐变化的色彩,在设计中常常使用色彩渐变。色彩渐变可以通过渐变工具来使用,也可以在图层样式中使用,但不能运用于位图、索引颜色或 16 位/通道的图像。

选择"渐变"工具,此时工具条中将显示相关信息,如图 3.11 所示。

点按可编辑渐变　　渐变样式

图 3.11　渐变工具条

该工具条中各个选项的作用如下。

1. 点按可编辑渐变

(1) 单击点按可编辑渐变区域可以打开"渐变"拾色器面板。

(2) 单击预览条,可以弹出"渐变编辑器"对话框,在该对话框中可以设置渐变的颜色和样式等参数,如图 3.12 所示。

图 3.12　"渐变编辑器"对话框

图 3.12 中,①为渐变预览窗口:系统默认的渐变形式都显示于此。

②为渐变预设:单击"预设"右侧的 ❀ 按钮,弹出面板菜单,提供了 21 种渐变预设。

③为载入:可加载更多的渐变形式。

④为渐变类型:"实底"与"杂色"两项,"实底"过渡均匀,如选择"杂色"需要调节以下选项。

a. "粗糙度"滑块:用于调节混合渐变色的粗糙度,数值越小颜色过渡越平滑。

b. "颜色模式"选项组:在"颜色模式"下拉列表中选择一种颜色模式,然后拖动各个颜色分量滑块可改变最后的混合颜色。

c. "选项"选项组:选中"限制颜色"可降低渐变色的饱和度;选中"增加透明度"可设置渐变颜色为透明;单击"随机化"按钮渐变色将会使用软件提供的随机颜色,如图 3.13 所示。

图 3.13　杂色渐变调节

⑤为平滑度：数值在 0%～100% 之间，数值越大，颜色过渡越光滑。

⑥为透明度：单击铅笔标志可以通过调整颜色来控制颜色的透明度，颜色可以在"色标"下"不透明度"颜色框里选择。黑色代表不透明，白色代表透明。

⑦为渐变颜色：单击铅笔标志可以通过调整颜色来控制渐变颜色，颜色可以在"色标"下"颜色"框里选择。

⑧、⑨为位置：可以通过改变"位置"里的具体数值，改变不透明度和颜色设置的具体位置。

2. 渐变类型

在工具选项栏里有 5 种渐变类型。

选择好渐变类型，单击选区并拖动鼠标拉出一条直线，不同类型渐变有不同效果。

（1）线性渐变：渐变色从鼠标起点到终点进行填充。

（2）径向渐变：渐变色将以拉线为圆心、拉线长度为半径进行环行填充，产生圆形渐变。线性渐变和径向渐变如图 3.14 和图 3.15 所示。

图 3.14　线性渐变　　　　　　　　　　图 3.15　径向渐变

（3）角度渐变：渐变色以拉线起点为顶点、拉线为轴围绕拉线起点顺时针旋转 360° 进行环行填充，产生锥形渐变效果，如图 3.16 所示。

（4）对称渐变：渐变色以拉线的起点到终点进行直线填充，并且以拉线方向的垂线为对称轴产生两边对称的渐变效果，如图 3.17 所示。

（5）菱形渐变：渐变色将以拉线的起点为中心，终点为菱形的一个角，以菱形的效果向外扩散，如图 3.18 所示。

图 3.16 角度渐变

图 3.17 对称渐变

图 3.18 菱形渐变

3.3 "描边"工具

"描边"工具：可执行"编辑"→"描边"命令，用于给选区或者图像增加一个边缘。描边效果如图 3.19 所示。

图 3.19 描边效果

宽度：决定描边的大小。

位置：决定是以什么方式进行描边。

3.4 自定义图案

自定义图案：通过自定义图案，可以将设计好的图案保存在"图案"拾取器中，供以后填充图层或者选取图像时使用。

将选区定义为图案的具体步骤如下。

（1）打开所需要定义图案的图像文件，如图 3.20 所示。

（2）执行"编辑"→"定义图案"命令，弹出"图案名称"对话框，在"名称"文本框中输入名称，然后单击"确定"按钮，如图 3.21 所示。

图 3.20 素材

图 3.21 自定义图案名称

（3）新建一个背景为白色的图像文件，执行"编辑"→"填充"命令，弹出"填充"对话框，如图 3.22 所示。在"自定义图案"面板中选择定义的图案，然后单击"确定"按钮。

（4）得到如图 3.23 所示的效果。

图 3.22　"填充"对话框

图 3.23　最终效果

【课堂实践】

3.5　综合实例

通过对选区进行适当的填充、描边编辑，可以制作出特殊的图像效果。本案例介绍使用油漆桶填充、渐变填充、自定义图案填充和描边等命令制作一个小小的插画，如图 3.24 所示。

图 3.24　综合实例效果图

（1）新建文件为 800 像素×600 像素，分辨率为 150DPI，颜色模式为 RGB，如图 3.25 所示。

（2）新建一个图层，选择线性渐变，前景色设置为深蓝色（♯140cc1），背景色设置为浅蓝色（♯0aa2f1），制作出背景，如图 3.26 所示。

（3）新建一个图层，用套锁工具画出雪山的轮廓，并且填充成白色，如图 3.27 所示。

图 3.25　新建文件

图 3.26　添加渐变

图 3.27　勾勒雪山轮廓

（4）用套锁工具勾勒出雪山的阴影面,填充成浅灰色(♯2b9be),如图 3.28 所示。

图 3.28　填充阴影

（5）新建一个图层,用椭圆选区工具画出主角的脸的轮廓。填充成白色,执行"编辑"→
"描边"命令,颜色选择为黑色,宽度为 4 像素,如图 3.29 所示。

图 3.29　描边主角轮廓

（6）再次新建一个图层,同步骤(5)一样,绘画出主角的耳朵。并按住 Alt 键复制出一个
耳朵,执行 Ctrl＋T 键调整好耳朵的方向,如图 3.30 所示。

（7）新建一个图层,用椭圆选区画出鼻子,用径向渐变填充,颜色从黑色到深灰色。再
用椭圆选区画出鼻子的高光,颜色选择浅灰(♯adaaac)。同样步骤画出眼睛、嘴巴和脸颊,
如图 3.31 所示。

（8）同样步骤,选择合适的颜色制作出小熊的身体,如图 3.32 所示。

（9）新建一个文件,背景层设置为透明,制作出烟花的图案。执行"编辑"→"定义图案"
命令,弹出"图案名称"对话框,在"名称"文本框中输入烟花,如图 3.33 所示,单击"确定"
按钮。

图 3.30　绘制耳朵

图 3.31　绘制五官

图 3.32　绘制身体

图 3.33 定义烟花

（10）回到案例文件，再新建一个图层，按住 Shift＋Backspace 键，调出填充面板，选择填充内容为图案，并在自定义图案中选择"烟花"图案。用选区结合变形工具调整每个烟花的大小。最终效果图如图 3.34 所示。

图 3.34 最终效果图

第 4 章

图像的绘制与修饰

（1）了解 Photoshop CS6 工具箱的组成。

（2）掌握图像的绘制与修饰方法。

（3）识记图像的绘制与修饰工具的各种组合键和快捷键。

（4）熟练掌握使用修饰修复工具处理人物照片。

【操作任务】

通过对图像的绘制与修饰工具的使用，制作出特殊的图像效果。

【操作实践】

4.1 绘图工具

Photoshop 提供了各种绘图工具，可以对图像进行细节修饰，还可以根据需要自定义不同的画笔样式和钢笔样式来绘制漂亮的图像效果。

4.1.1 "画笔"工具

使用"画笔"工具可以在图像上绘制出以前景色为颜色的图像效果。选择"画笔"工具，在工具选项栏中会出现相关的参数设置信息，如图 4.1 所示。

图 4.1　画笔工具栏

① 为画笔工具预设：可选择默认画笔工具预设，如图 4.2 所示。

② 为画笔预设选取器：选择系统默认的画笔的种类，也可新建或者删除预设画笔工具。

③ 为切换画笔面板：可进入画笔面板，设置画笔属性，如图 4.3 所示。

图 4.2　默认画笔工具

图 4.3　画笔面板

④ 为画笔模式：画笔的各种显现模式。

⑤ 为不透明度：该选项可以设置画笔的不透明度。

⑥ 为流量：决定画笔在绘画时的压力大小。

4.1.2 "铅笔"工具

"铅笔"工具的使用方法和设置属性与"画笔"工具基本相同，不同之处在于"铅笔"工具更适合绘制直线和曲线等效果，绘制出的图形比较生硬，如图4.4所示。

图 4.4　铅笔与画笔效果

4.2 修饰类工具

修饰图像的工具包括"减淡"工具、"模糊"工具、"锐化"工具和"涂抹"工具等。

修复图像的工具包括"污点修复画笔"工具、"修补"工具和"红眼"工具等。

4.2.1 橡皮擦工具组

橡皮擦工具组中提供了"橡皮擦"工具、"背景橡皮擦"工具、"魔术橡皮擦"工具，用来擦除图像。

1. "橡皮擦"工具

用来擦除图像中需要擦去的部分，如图4.5所示。

图 4.5　橡皮擦工具栏

① 为画笔类型：橡皮擦的类型。

② 为画笔模式：橡皮擦的模式。

③ 为不透明度：该选项可以设置橡皮擦的不透明度。

④ 为流量：决定橡皮擦在擦除图像时的压力大小。

素材文件如图4.6所示，使用橡皮擦擦除效果如图4.7所示。

2. "背景橡皮擦"工具

使用"背景橡皮擦"工具可以擦除图层中的图像并将其擦成透明背景，在擦除背景的同时会保留对象的边缘。素材文件如图4.8所示，背景橡皮擦擦除效果如图4.9所示。

图4.6 素材文件

图4.7 橡皮擦擦除效果

图4.8 素材文件

图4.9 背景橡皮擦擦除效果

3. "魔术橡皮擦"工具

使用"魔术橡皮擦"工具,可以擦除一定容差内与鼠标落点相临近的颜色,并将作用过的地方变成透明色。

素材文件如图4.10所示,魔术橡皮擦擦除效果如图4.11所示。

图4.10 素材文件

图4.11 魔术橡皮擦擦除效果

4.2.2 模糊工具组

模糊工具组包括"模糊"工具、"锐化"工具和"涂抹"工具。

(1)"模糊"工具:可以柔化、模糊图像中的边缘或者区域,从而达到模糊图像的效果。素材文件如图4.12所示,模糊效果如图4.13所示。

图 4.12　素材文件

图 4.13　模糊效果

（2）"锐化"工具：与"模糊"工具相反，该工具通过增大图像相邻像素间的色彩反差来提高图像的清晰度。素材文件如图 4.14 所示，锐化效果如图 4.15 所示。

图 4.14　素材文件

图 4.15　锐化效果

（3）"涂抹"工具：模拟手指拖动湿油漆时所看到的效果，该工具可拾取开始位置的颜色，并沿着拖移的方向展开这种颜色。素材文件如图 4.16 所示，涂抹效果如图 4.17 所示。

图 4.16　素材文件

图 4.17　涂抹效果

4.2.3　减淡工具组

减淡工具组包括"减淡"工具、"加深"工具和"海绵"工具，主要用于加深或减淡图像的颜色，用来调整图像的色彩饱和度。

（1）"减淡"工具：通过增加图像的曝光度来降低图像中某个区域的亮度。素材文件如

图 4.18 所示,减淡效果如图 4.19 所示。

图 4.18　素材文件

图 4.19　减淡效果

(2)"加深"工具:通过减弱图像的光线来使图像中的某个区域变暗。素材文件如图 4.20 所示,加深效果如图 4.21 所示。

图 4.20　素材文件

图 4.21　加深效果

(3)"海绵"工具:用于精确地更改区域的色彩饱和度,在灰度模式下,该工具通过使灰阶远离或者靠近中间灰色来增加或降低对比度。素材文件如图 4.22 所示,海绵效果如图 4.23 所示。

图 4.22　素材文件

图 4.23　海绵效果

4.2.4　修复工具组

修复工具组中的工具主要是用于快速修复图像中的污点或瑕疵。

1. "污点修复画笔"工具

使用"污点修复画笔"工具,可以快速地移去图像中的污点和瑕疵,"污点修复画笔"工具的工作方式与"修复画笔"工具相似,但与"修复画笔"工具不同的是,"污点修复画笔"不要求指定样本点,将自动地从所修饰区域的周围取样。污点修复前后对比如图 4.24 所示。

(a) 修复前　　　　　　　　　　(b) 修复后

图 4.24　污点修复前后对比

2. "修复画笔"工具

使用"修复画笔"工具可以校正瑕疵,使它们消失在周围图像中。它可将样本像素的纹理、光照、透明度和阴影与源像素进行匹配,从而使修复后的像素不着痕迹地融入图像之中。修复画笔工具使用效果如图 4.25 所示。

图 4.25　修复画笔工具使用效果

3. "修补"工具

使用"修补"工具,可以用其他区域或图案中的像素来修复选中的区域。"修补"工具使用效果如图 4.26 所示。

4. "内容感知移动"工具

使用"内容感知移动"工具来移动选区里的内容,通过软件的计算,就可以完成合成的效果。

在模式这里,可以选择"移动"和"扩展"。

"移动":就是对选区里的内容进行一个移动操作,然后合成到图片中。

图 4.26 修补工具使用效果

"扩展"：就是对选区里的内容复制一个，然后合成。

"内容感知移动"工具使用效果前后对比如图 4.27 所示。

(a) 使用前   (b) 使用后

图 4.27 "内容感知移动"工具使用效果前后对比

5. "红眼"工具

使用"红眼"工具可以移去数码照片拍摄时候因为开设闪光灯所产生人物照片中的红眼现象，也可以移去闪光灯拍摄照片中白色、绿色的反光。

"瞳孔大小"：设置瞳孔(眼睛暗色的中心)的大小。

"变暗量"：设置瞳孔的暗度。

"红眼"工具使用效果前后对比如图 4.28 所示。

(a) 使用前   (b) 使用后

图 4.28 "红眼"工具使用效果前后对比

【课堂实践】

4.3　综合实例

　　本案例通过使用"污点修复画笔"工具、"红眼"工具、"加深"工具、"减淡"工具和"模糊"工具等来处理人物照片。

　　(1) 打开素材文件 401.JPG,如图 4.29 所示。

　　(2) 选择"红眼"工具,在照片中人物的红眼位置单击,消除红眼的现象,如果一次效果不明显可多单击几次,如图 4.30 所示。

　　(3) 选择"污点修复画笔"工具,设置好合适的笔刷大小,在人面部有斑点的地方单击,消除斑点,如图 4.31 所示。

图 4.29　素材文件 401.JPG　　　图 4.30　去除红眼效果　　　图 4.31　使用污点修复工具效果

　　(4) 选择"模糊"工具,设置好其参数,将面部进行模糊处理,使皮肤变得光滑,如图 4.32 所示。

　　(5) 选择"减淡"工具将牙齿、眼白变白变亮,并且调整其笔刷大小将面部提亮。选择"加深"工具将眼角、眉毛稍微加深。最终效果如图 4.33 所示。

图 4.32　面部光滑处理　　　图 4.33　最终效果展示

图像的变形

(1) 了解哪些情况需要图像的变形操作。

(2) 掌握图像变形的操作方法。

(3) 识记图像变形的各种组合键和快捷键。

(4) 熟练掌握图像变形操作满足各种特殊效果的制作。

【操作任务】

通过对图像进行适当的变形操作,制作出特殊的图像效果。

【操作实践】

5.1　图像的变形操作

在处理图像的时候,常常需要对图像进行变形,例如,改变大小、旋转角度、进行图像扭曲或者产生透视效果。Photoshop 提供了许多变形的命令,使图像的变形操作变得易如反掌。

用选择工具选取要变形的图像,然后执行"编辑"→"自由变换"命令或者"编辑"→"变换"命令,可以对指定的图像进行缩放、旋转、斜切和扭曲等操作。

5.1.1　旋转与翻转

(1) 旋转 180 度:将图像旋转半圈。

(2) 旋转 90 度(顺时针):将图像按顺时针方向旋转四分之一圈。

(3) 旋转 90 度(逆时针):将图像按逆时针方向旋转四分之一圈。

(4) 水平翻转:将图像沿着垂直轴水平翻转。

(5) 垂直翻转:将图像沿着水平轴水平翻转。

图像旋转与翻转变化如图 5.1 所示。

(a) 原图像

(b) 旋转180度

(c) 旋转90度(顺时针)

(d) 旋转90度(逆时针)

(d) 水平翻转

(e) 垂直翻转

图 5.1　图像旋转与翻转变化

5.1.2　自由变换

（1）缩放：将指针放在控制点上，指针变成双箭头时拖动就可，同时按住 Shift 键可以等比例缩放图像。

（2）旋转：将指针移到变形控制框的外面，指针出现弯曲的双向箭头后旋转即可。按住 Shift 键可以限制以 15°的增量旋转图像。

（3）斜切：将指针移到外形控制框的外面，然后拖动控制点即可。

（4）扭曲：按住 Ctrl 键的同时移动控制点可以自由扭曲，按住 Alt 键的同时拖动控制点可以相对定界框的中心点扭曲。

（5）透视：拖动控制点，能使图像产生透视效果。

（6）变形：可以拖移网格内的控制点、线或区域，以更改定界框和网格的形状。

图 5.2 为原始图像，各种变换效果如图 5.3～图 5.7 所示。

图 5.2　原图像

图 5.3　旋转效果

图 5.4　斜切效果

图 5.5　扭曲效果

图 5.6　透视效果

图 5.7　变形效果

【课堂实践】

5.2 综合实例 1

（1）新建文件，尺寸为 600 像素×600 像素，分辨率为 150 像素/英寸，如图 5.8 所示。

图 5.8 新建文件

（2）打开素材文件，将其拖曳到新建文件中。并按住 Ctrl＋T 键调整大小，如图 5.9 所示。

图 5.9 调整图像大小

（3）执行"变换"→"变形"命令，拖动上面的拖曳点，将其变形。该命令可以反复使用，直至调制到理想的状态，如图 5.10 所示。

（4）用选区工具为照片制作阴影，最终效果如图 5.11 所示。

图 5.10 图像变形效果

图 5.11 最终效果

5.3 综合实例 2

(1) 新建文件,尺寸为 600 像素×600 像素,分辨率为 150 像素/英寸,如图 5.12 所示。

图 5.12 新建文件

(2) 打开素材 1.JPG、素材 2.JPG 和素材 3.JPG(见图 5.13～图 5.15),并将 3 个文件都拖曳到新建的文件之中,如图 5.16 所示。

(3) 选择图层 1,执行"编辑"→"描边"命令。描边大小选择:1 像素,如图 5.17 所示。

(4) 用同样的方法,将图层 2 和图层 3 都执行一次"编辑"→"描边"命令的处理,如图 5.18 所示。

(5) 选择图层 3,执行"编辑"→"变换"→"透视"命令。选择左边的锚点,将图像变形处理,如图 5.19 所示。

图 5.13 素材 1.JPG

图 5.14 素材 2.JPG

图 5.15 素材 3.JPG

图 5.16 将素材文件拖曳到新建文件

图 5.17 图像描边

图 5.18 描边处理

图 5.19 透视变换

（6）再执行"编辑"→"变换"→"缩放"命令。调整图层 1 的大小，如图 5.20 所示。

（7）选择图层 2，执行 Ctrl＋T 键调整图层 2 的大小，如图 5.21 所示。

（8）选择图层 2，执行"编辑"→"变换"→"透视"命令。选择右边的锚点，将图像变形处理。并通过执行 Ctrl＋T 键调整图层 3 的大小，如图 5.22 所示。

（9）选择图层 1，复制出两个图层，如图 5.23 所示。

（10）选择图层 1 副本 2，执行 Ctrl＋T 键，通过调整各个锚点，调整其大小和方向，如图 5.24 所示。

图 5.20　缩放变换

图 5.21　调整大小

图 5.22　变换命令

图 5.23 复制图层

图 5.24 调整图像

（11）使用同样的办法调整图层 2 副本 1，并且调整图层 2 副本 1 和图层 2 副本 2 的图层透明度，并合并图层，如图 5.25 所示。

图 5.25 合并图层

（12）使用文字工具输入文字"欢迎来到 CG 世界"，如图 5.26 所示。

图 5.26　输入文字

（13）在图层中选择文字图层，右击文字图层，在出现的下拉菜单中选择栅格化文字，如图 5.27 所示。将文字图层转换为普通图层。

图 5.27　栅格化文字

（14）使用矩形选区工具选择文字"欢迎来到 CG 世界"。执行 Ctrl＋T 键调整文字的大小及位置，如图 5.28 所示。

图 5.28　调整文字大小

（15）仍然按住 Alt 键，拖动文字，将其复制。并执行"编辑"→"变换"→"垂直翻转"命令，将复制的文字垂直翻转，如图 5.29 所示。

图 5.29　垂直翻转复制文字

（16）调整翻转文字图层的不透明度为 40%。最终效果如图 5.30 所示。

图 5.30　最终效果

第 6 章

图层及图层样式

【知识技能目标】

(1) 了解图层的重要用途。
(2) 掌握图层面板的操作方法。
(3) 识记图层样式的各种参数的用途。
(4) 熟练掌握通过图层样式修改对象的质感。

【操作任务】

通过对图层及图层样式的适当操作,制作出特殊的图像效果。

【操作实践】

6.1 图层的基础知识

图层功能被誉为 Photoshop 的灵魂,它在图像处理中具有十分重要的地位。它可以对图像中的各部分进行单独处理,而不会影响图像中的其他部分。

执行"窗口"→"图层"命令(或按 F7 功能键),即可在工作区中打开"图层"面板,如图 6.1 所示。

6.2 "图层"面板的操作

6.2.1 新建图层

1. 新建常规图层

(1) 执行"图层"→"新建"→"图层"命令,或者执行 Ctrl→Shift→N 键就可以新建一个空白图层。新建的图层会自动按照建立的次序命名,例如,图层 1、图层 2 等,如图 6.2 所示。

在该对话框中可以自定义图层的名称、颜色、模式、不透明度等。

(2) 单击"图层"面板底部的"创建新的图层"按钮,也可以立刻新建一个空白的图层,如图 6.3 所示。

图 6.1　"图层"面板

图 6.2　新建图层

图 6.3　创建新图层

2. 新建背景图层

"图层"面板中最下面的图像为背景图层,一副图像只有一个背景,通常情况下背景图层是锁定的,不可移动上下位置。但背景图层可以转换为常规图层。

1) 背景图层转换为常规图层

在"图层"面板双击背景层,或者执行"图层"→"新建"→"背景图层"命令。根据需要设置图层选项之后,单击"确定"按钮就可将背景图层转换为常规图层。

2) 常规图层转换为背景图层

在"图层"面板中选择常规图层,然后执行"图层"→"新建"→"背景图层"命令,就可将常规图层转换为背景图层。

3. 新建调整图层与填充图层

执行"图层"→"新建调整图层"命令,可以新建调整图层。调整图层用来调节图像的色彩和色调,而不会永远地改变图像中的像素。该图层更像是一层透明薄膜,在它下面的图层是可以通过它显示出来的,调整图层会影响它下面的所有图层,也就是说通过单个调整校正多个图层。

执行"图层"→"新建填充图层"命令,可以新建填充图层。填充图层可以用纯色、渐变或者图案填充图层,填充图层只针对自身起作用。

6.2.2 移动图层

图像一般是由多个图层构成的,各图层叠放在一起,改变图层的堆叠顺序,可以直接改变图像的效果。在"图层"面板中,要想移动图层到想要的位置,只要选中该图层,并一直按住鼠标左键,拖动到想要的位置后,松开鼠标就可以对该图层的位置进行改变。

6.2.3 复制图层

Photoshop 可以在同一图像之内复制图层,也可以从一个图像到另一个图像复制图层。

1. 同一图像内复制图层

在图像中复制图层,最简便的方法是将图层拖动到图层面板底部的"创建新的图层"按钮上即可,新图层根据其创建顺序被命名。

还可以用菜单命令来复制图层。

(1) 激活要复制的图层,执行"图层"→"复制图层"命令,或者在图层面板的菜单中选择复制图层命令都可以复制该图层。

(2) 执行"图层"→"复制图层"命令,可以将选区内或是当前图层的图像进行复制,来得到新图层。

(3) 执行"图层"→"剪切图层"命令,可剪切选区内的图像并得到新图层。

2. 不同图像之间复制图层

Photoshop 还可在图像之间进行复制,首先打开要使用的两个图像,然后在源图像中激活要复制的图层。复制图层的方法有以下 3 种。

(1) 执行"选择"→"全部"命令,或者按 Ctrl＋A 键选择当前层中的所有像素,执行"复制"命令,然后激活目的图像,再选择"粘贴"命令即可。

(2) 在源图像文件中,将要复制的图层拖动到目的图像。

(3) 使用工具箱中的移动工具,将当前图层从源图像拖动到目的图像。

6.2.4 删除图层

当不需要某一图层时,首先选中该图层,然后可以将它删除。删除方法有 3 种。

(1) 执行"图层"→"删除"→"图层"命令,可将当前选中图层删除。

(2) 在图层面板的菜单中选择"删除图层"命令,可将当前选中图层删除。

(3) 单击图层面板底部的"删除图层"按钮,或将该图层直接拖动到"删除图层"按钮上即可。

6.2.5 链接图层

图层的链接功能,可以方便移动、变化多个层的图像。

(1) 链接图层:选择要链接的图层,然后单击图层面板最下边的"链接图层"按钮,这时

候链接的图层后面会多一个"锁链"的小图标。这就表示图层已经链接起来了，如图 6.4
所示。

（2）取消链接图层：当要取消图层的链接的时候，只需要再次单击"链接图层"按钮，就
可以取消链接，如图 6.5 所示。

图 6.4　链接图层

图 6.5　取消链接图层

6.2.6　合并图层

如果要合并图层，打开图层面板菜单，执行其中的命令即可。

（1）向下合并：执行此命令，可以将当前作用层和其下面
的一个图层合并，其他层保持不变。

（2）合并可见图层：执行此命令，可将图像中所有显示的
图层合并，而隐藏的图层不变。

（3）拼合图层：执行此命令，可将图像中所有图层合并。

如果要合并多个不相邻的层，可以将这几个层先设定为链
接的层，然后执行"图层面板"菜单中的"合并链接图层"命令，
或者按 Ctrl＋E 键进行合并。

6.3　图层的混合模式

混合模式是指上下图层颜色之间的色彩混合方法，不同的
"混合模式"会给图像带来完全不同的合成效果，创造出来的结
果往往呈现意想不到的奇妙效果。

Photoshop 中图层的混合模式最为常用，正确、灵活地运用
图层的混合模式，首先要了解各种混合模式的含义。

单击"图层"面板中的"设置图层混合模式"下拉列表后的
按钮弹出下拉列表，如图 6.6 所示。

图 6.6　图层混合模式

各种图层混合模式的效果如下。

1. 正常

正常模式是系统的默认模式。选择该选项时下方原有颜色与上方图层的颜色不发生相互影响。

2. 溶解

选择该选项并调整上方图层的不透明度,图像将创建随机点状图案,产生出基色溶解在当前所用的混合色的效果,如图 6.7 所示。

图 6.7 溶解

3. 变暗

选择该选项,上方图层中较暗的像素将代替下方图层中相对应位置的较亮像素,下文较暗区域将代替上文较亮区域,使整个图像呈现暗色调,如图 6.8 所示。

图 6.8 变暗

4. 正片叠底

选择该选项,系统使用相乘的运算方式呈现出颜色较暗的图像整体效果。在该模式中白色为中性色,任何颜色与黑色相乘即叠加成为黑色,与白色相乘则不发生变化,如图 6.9 所示。

图 6.9　正片叠底

5. 颜色加深

选择该选项,将通过增加对比度使基色变暗,图像呈现暗色调。与白色混合不发生变化,通常用于创建非常暗的投影等效果,如图 6.10 所示。

图 6.10　颜色加深

6. 线性加深

选择该选项,将通过减少亮度并加暗通道的基色使图像变暗,图像呈现暗色调,与白色混合不发生变化,如图 6.11 所示。

图 6.11　线性加深

7. 深色

选择该选项,系统将比较混合色和基色的所有通道的颜色值并使用较小的颜色值创建结果色,如图 6.12 所示。

图 6.12　深色

8. 变亮

选择该选项,系统将查看通道中的颜色信息,选择基色或混合色中较亮的颜色代替正文的混合色作为结果色。比混合色暗的像素被替换,整体图像呈亮色调,如图 6.13 所示。

9. 滤色

选择该选项,系统将查看通道中的颜色信息,将混合色的互补色与基色进行混合,得到的图像效果较亮,类似多个摄影幻灯片交错投影的效果。用黑色过滤时颜色保持不变,用白色过滤时将产生白色,如图 6.14 所示。

图 6.13　变亮

图 6.14　滤色

10. 颜色减淡

选择该选项，系统将查看每个通道中的颜色信息，并通过减小对比度使基色变亮以创建混合色。与黑色混合不发生变化，如图 6.15 所示。

11. 线性减淡（添加）

选择该选项，系统在"线性减淡"模式中，查看每个通道中的颜色信息，并通过增加亮度使基色变亮以反映混合色，如图 6.16 所示。

12. 浅色

选择该选项，系统将比较混合色和基色所有通道中颜色值的总和，并使用较大的颜色值创建较亮的图像效果，如图 6.17 所示。

图 6.15　颜色减淡

图 6.16　线性减淡(添加)

图 6.17　浅色

13. 叠加

选择该选项,系统以基色与混合色相叠加以反映明暗效果。在该模式中,50%灰色是中性色,并保留原有颜色的明暗对比,如图 6.18 所示。

图 6.18 叠加

14. 柔光

选择该选项,系统将根据所用颜色的明暗程度创建图像效果。在该模式中,50%灰色是中性色。如果基色比 50%灰色亮,图像将变亮,反之图像将变暗,如图 6.19 所示。

图 6.19 柔光

15. 强光

选择该选项,系统将根据所用颜色的明暗程度来创建图像效果。该模式的明暗程度比柔光效果更强,如图 6.20 所示。

16. 亮光

选择该选项,系统将根据混合色的明暗程度创建图像效果。混合色比 50%灰色亮,通过减

图 6.20　强光

少对比度使图像变亮;混合色比 50% 灰色暗,则通过增加对比度使图像变暗,如图 6.21 所示。

图 6.21　亮光

17. 线性光

选择该选项,系统将根据混合色的明暗程度创建图像效果。混合色比 50% 灰色亮,将通过增加亮度使图像变亮;混合色比 50% 灰色暗,则通过减少亮度使图像变暗,如图 6.22 所示。

18. 点光

选择该选项,系统将根据混合色的明暗程度创建结果色。如果混合色比 50% 灰色亮,将替换成比该颜色暗的像素;如果结果色比 50% 灰色暗,则替换成比该颜色亮的像素,如图 6.23 所示。

19. 实色混合

选择该选项,系统则将下方图层的 R、G 和 B 通道值添加到上方图层的 R、G 和 B 通道值中,从而显示出强烈和颜色对比效果,如图 6.24 所示。

图 6.22　线性光

图 6.23　点光

图 6.24　实色混合

20. 差值

选择该选项,系统将查看通道中的颜色信息,用上方混合色中亮度大的值减去下方基色中亮度小的值。混合色为白色,则使基色反相,如图 6.25 所示。

图 6.25　差值

21. 色相

选择该选项,将使用正文基色中颜色的亮度、饱和度与上方混合色中的色相创建图像效果。该模式基于 HSB 颜色模型,如图 6.26 所示。

图 6.26　色相

22. 饱和度

用基色的亮度、色相与混合色的饱和度创建效果,如图 6.27 所示。

23. 颜色

选择该选项,系统将使用上方混合色的亮度与下方基色的色相、饱和度创建图像效果,如图 6.28 所示。

图 6.27　饱和度

图 6.28　颜色

24. 明度

该选项与"颜色"混合模式的效果相反,使用基色的色相与饱和度和混合的亮度创建图像效果,如图 6.29 所示。

图 6.29　明度

6.4　图层样式

使用图层样式可以为图像增添各种修饰属性,以制作出特殊的效果。

6.4.1　创建图层样式

Photoshop CS6 中的图层样式包括投影、内阴影、外发光、内发光、斜面和浮雕、光泽、颜色叠加、渐变叠加、图层叠加和描边等。不同的图层效果各有各的特点,一些戏剧化的效果就是通过增加图层样式而产生的。

创建图层样式有 3 种方法。

(1) 单击"图层"面板下的"添加图层样式"按钮 *fx.*,在弹出的下拉菜单中选择"混合选项"。

(2) 双击要添加图层样式的图层,将弹出"图层样式"对话框,如图 6.30 所示。

图 6.30　"图层样式"对话框

(3) 右击要添加图层样式的图层,在下拉菜单中选择"混合选项",也将弹出"图层样式"对话框。图层样式面板如图 6.31 所示。

6.4.2　图层样式包括内容

1. 投影

使用"投影"样式将为背景层之外的图层添加与图层内容相同的阴影,以产生影子效果。

2. 内阴影

使用"内阴影"样式可以为背景层之外的图层内容边缘的内部增加阴影,产生内陷效果。

样式项目组　　　　　混合选项选项组　　　　　新建样式按钮

图 6.31　图层样式面板

3. 外发光

使用"外发光"样式可以在背景层之外的图层内容外侧制造出各种发光效果。

4. 内发光

使用"内发光"样式可以在背景层之外的图层内容内侧制作出各种发光效果。

投影、内阴影、内发光、外发光效果如图 6.32 所示。

图 6.32　投影、内阴影、内发光、外发光效果

5. 斜面和浮雕

使用"斜面和浮雕"样式可以在背景层之外的图层内容的边缘设置高光和阴影等特殊效果，如图 6.33 所示。

6. 光泽

使用"光泽"样式可以在背景层之外的图层和图像内部基于图层内容应用阴影，创建出类似绸缎或者金属的磨光效果。

内斜面　浮雕效果
外斜面　枕状浮雕

图 6.33　斜面和浮雕效果

7. 颜色叠加

使用"颜色叠加"样式可以在背景层之外的图层内容中叠加颜色。

8. 渐变叠加

使用"渐变叠加"样式可以在背景层之外的图层内容中叠加渐变颜色。

9. 图案叠加

使用"图案叠加"样式可以在背景层之外的图层内容中叠加系统设置的各种图案。

10. 描边

使用"描边"样式可以在背景层之外的图层内容的边缘增加各种颜色,该样式效果常应用于文字或形状。

渐变叠加、图案叠加、描边效果如图 6.34 所示。

图 6.34　渐变叠加、图案叠加、描边效果

【课堂实践】

6.5　综合实例

综合实例效果如图 6.35 所示。

(1) 新建一个 800 像素×600 像素 72 像素/英寸的 RGB 图像,如图 6.36 所示。

(2) 使用自定义形状工具绘制出一个蝴蝶的路径,如图 6.37 所示。

(3) 按 Ctrl＋Enter 键将路径转化为选区,如图 6.38 所示。

图 6.35　综合实例效果

图 6.36　新建文件

图 6.37　自定义路径

图 6.38　路径转化选区效果

（4）新建一个图层，给选区填充颜色，颜色无所谓，因为后面会对颜色进行更改，如图 6.39 所示。

图 6.39　填充选区

（5）将图层 1 复制一个放置在最上层，如图 6.40 所示。

图 6.40　复制图层

（6）给图层 1 副本添加"投影"图层样式，不透明度为 50％，角度为 120 度，距离为 5 像素，扩展为 0％，大小为 10 像素，等高线选择"高斯分布"，如图 6.41 所示。

图 6.41　添加图层样式

（7）给图层 1 副本添加"内阴影"图层样式，不通明度为 75％，距离为 5 像素，扩展为 0％，大小为 10 像素，等高线选择"环形"→"双环"，如图 6.42 所示。

图 6.42　添加内阴影

（8）给图层 1 副本添加"内发光"图层样式，不透明度为 100％，颜色选择白色，阻塞为 10％，大小为 60 像素，等高线选择"高斯分布"，如图 6.43 所示。

（9）给图层 1 副本添加"斜面"和"浮雕"图层样式，深度为 75％，大小为 15 像素，软化为 0 像素，光泽等高线选择"环形"，其他设置参见图 6.44。

（10）给图层 1 副本添加"等高线"图层样式为"内凹-浅"，范围为 20％，如图 6.45 所示。

图 6.43 添加内发光

图 6.44 添加斜面和浮雕

图 6.45 增加等高线图层样式

(11) 添加光泽图层样式,不透明度为 50%,距离为 7 像素,大小为 10 像素,等高线为 "锯齿"2,其他设置参见图 6.46。

图 6.46 添加光泽

(12) 给图层 1 副本添加"颜色叠加"图层样式,不透明度为 100%,如图 6.47 所示。

(13) 给图层 1 副本添加"描边"图层样式,大小为 1 像素,如图 6.48 所示。

(14) 将图层 1 和图层 1 副本两个图层合并为图层 1。并用"套锁"工具选取蝴蝶的胡须,如图 6.49 所示。

(15) 按下 Ctrl+U 键打开色相/饱和度调版,在着色项前打钩,将"色相"、"饱和度"、"明度"分别设置为 292、80、15,单击"确定"按钮,如图 6.50 所示。

(16) 使用同样方法,将蝴蝶其他部分颜色调整好,如图 6.51 所示。

图 6.47　添加颜色叠加

图 6.48　添加描边

图 6.49　选取蝴蝶胡须

图 6.50　调整色相/饱和度

图 6.51　调整图像色相/饱和度效果

（17）按住 Alt 键，拖曳蝴蝶，将其复制出一个新蝴蝶，并按 Ctrl＋T 键，调整其大小和方向。最终效果如图 6.52 所示。

图 6.52　最终效果

第 7 章

通道和蒙版的使用

【知识技能目标】

(1) 了解通道和蒙版的重要用途。

(2) 掌握通道和蒙版的创建和编辑。

(3) 识记通道和蒙版控制面板的操作方法。

(4) 熟练掌握通过通道和蒙版的使用,制作特效。

【操作任务】

通过对通道和蒙版的综合应用,制作出特殊的图像效果。

【操作实践】

7.1 通道

通道是用来保存颜色信息及选区的一个载体,它的作用广泛,可以用来制作精确的选区,对选区进行各种编辑处理,还可以记录和管理图像中的颜色,利用图像菜单的调整命令随单种原色通道进行调整,达到调整图像颜色的效果。

实例 1：Alpha 通道——制作月光

(1) 执行菜单栏中的"文件"→"新建"命令,打开"新建"对话框,设置"名称"为月夜,"宽度"为 550 像素,"高度"为 700 像素,"分辨率"为 200 像素/英寸,"颜色模式"为 RGB 颜色,"背景内容"为白色。设置完成后,单击"确定"按钮,创建一个新的文档。

(2) 在工具箱中选择"设置前景色"█按钮,打开"拾色器(前景色)"对话框,设置前景色为暗青色(R：20,G：41,B：46),如图 7.1 所示。按 Alt＋Delete 键将背景图层填充为前景色,效果如图 7.2 所示。

(3) 新建图层 1,选择工具箱中"椭圆选框工具"⬭,按住 Shift 键的同时绘制正圆选区。设置前景色为灰黄色(R：188,G：177,B：40),设置背景色为灰色(R：111,G：108,B：108)。执行菜单栏中的"滤镜"→"渲染"→"云彩"命令,完成效果如图 7.3 所示。

图 7.1 设置前景色

图 7.2 填充效果图

图 7.3 使用滤镜效果

（4）打开"通道"面板，单击该面板底部的"创建新通道"![]按钮，创建一个新的通道"Alpha 1 通道"，执行菜单栏中的"滤镜"→"渲染"→"云彩"命令，然后执行菜单栏中的"滤镜"→"渲染"→"分层云彩"命令，按两次 Ctrl＋F 键，重复滤镜，使图像产生云彩效果，如图 7.4 所示。

（5）选择图层 1，在工具箱中选择"画笔工具"，在属性栏中设置"画笔"为柔角画笔、"大小"为 200 像素，"不透明度"为 30％、"流量"为 50％，如图 7.5 所示。

（6）选择"画笔"面板，选中"纹理"复选框，设置"纹理"为云彩，"模式"为颜色加深，在选取中绘制图像，效果如图 7.6 所示。

（7）执行菜单栏中的"滤镜"→"扭曲"→"球面化"命令，在打开的对话框中设置数量为100，单击"确定"按钮，如图 7.7 所示。

图 7.4　云彩效果图和通道设置效果

图 7.5　设置属性

图 7.6　使用画笔效果图

图 7.7　"球面化"对话框

（8）按 Ctrl+D 键取消选区，执行菜单栏中的"图像"→"调整"→"亮度/对比度"命令，在打开的对话框中设置"亮度"为－25，单击"确定"按钮，如图 7.8 所示。

（9）在"图层"面板中双击图层 1 后面的空白处，在打开的对话框中选中"外发光"复选框，"设置发光颜色"为黄色（R：231，G：231，B：171）、"大小"为 40 像素，如图 7.9 所示。

（10）选中"内发光"复选框，"设置发光颜色"为黄色（R：235，G：235，B：183）、"不透明度"为

图 7.8　"亮度/对比度"对话框

图 7.9　外发光设置

30％、"大小"为 80 像素,单击"确定"按钮,如图 7.10 所示。

图 7.10　内发光设置

(11) 在工具箱中选择"模糊工具" 按钮,在属性栏中设置"画笔"为柔角 15 像素,"强度"为 45％,沿月亮边缘进行涂抹。完成最终效果,如图 7.11 所示。

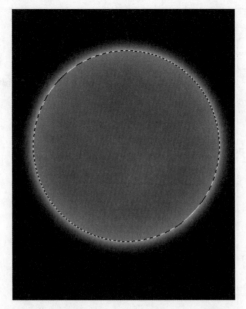

图 7.11 月光效果图

实例 2：颜色通道

（1）执行菜单栏中的"文件"→"打开"命令，或使用 Ctrl＋O 键，将弹出"打开"对话框，选择文件"香水瓶.jpg"文件，将图像打开。打开的素材如图 7.12 所示。

（2）在"通道"面板中共有 4 个通道。其中 RGB 通道为复合通道，"红"通道、"绿"通道、"蓝"通道为原色通道。复合通道不含任何信息，实际上它只是同时预览并编辑所有颜色通道的一个快捷方式，如图 7.13 所示。

图 7.12 打开素材

图 7.13 "通道"面板

（3）在"通道"面板中单击"绿"通道，执行菜单栏中的"图像"→"调整"→"曲线"命令，打开"曲线"对话框，调整对话框中的曲线，使"绿"通道变亮，如图 7.14 所示。

（4）设置完成后，单击"确定"按钮，将图像中绿色的成分增加，打开 RGB 通道前的眼睛图标，显示图像的全部通道，即修改后的图像效果，如图 7.15 所示。

图 7.14　"曲线"对话框

图 7.15　调整图像颜色效果图

7.2　蒙版

蒙版可以控制显示或隐藏图像内容，使用蒙版可以将图层或图层组中的不同区域隐藏或显示。通过编辑蒙版可以对图层应用各种特殊效果，而不会实际影响该图层上的像素。

实例 3：快速蒙版——另类写真

写真效果图如图 7.16 所示。

图 7.16　写真图

（1）执行菜单栏中的"文件"→"打开"命令，或使用 Ctrl＋O 键，将弹出"打开"对话框，选择文件"冷艳美女.tif"文件，将图像打开。打开的素材如图 7.17 所示。

（2）新建图层 1。

（3）设置"前景色"为褐色（100，80，9），按 Alt＋Delete 键将图层 1 填充为前景色。

（4）设置图层 1 的图层的混合模式为"颜色"。效果如图 7.18 所示。

图 7.17　打开素材

图 7.18　设置混合模式效果

（5）新建图层 2。设置前景色为灰色（219，219，219），按 Alt＋Delete 键将图层 2 填充为前景色。

（6）执行菜单栏中的"滤镜"→"杂色"→"添加杂色"命令，在打开的对话框中设置数量为 75％，单击"确定"按钮，如图 7.19 所示。

（7）设置图层 2 的图层的混合模式为"颜色加深"。效果如图 7.20 所示。

图 7.19　"添加杂色"对话框

图 7.20　颜色加深后效果

（8）拖动背景图层到"创建新图层"按钮 上，复制生成背景副本图层。

（9）单击工具箱中的"以快速蒙版模式编辑"按钮 ，进入快速蒙版模式。设置前景色和背景色为白色和黑色。

（10）选择"渐变工具" ，选择"前景到背景"渐变样本，单击属性栏中的"径向渐变"按钮 ，从中心向斜角拖动鼠标填充渐变色，如图 7.21 所示。

（11）按 Q 键退出快速蒙版模式。按 Delete 键删除选区内容，按 Ctrl＋D 键取消选区。

（12）设置背景副本的图层的"混合模式"为"差值"，"不透明度"为 75％，如图 7.22 所示。

图 7.21　填充渐变色效果图

图 7.22　设置差值后效果

（13）拖动背景图层到"图层"面板下方的"创建新图层" 按钮上，复制生成背景副本 2 图层，然后将其拖动到背景副本图层之上。

（14）单击工具箱中的"以快速蒙版模式编辑" 按钮，进入快速蒙版模式。

（15）选择"渐变工具" ，从眼珠向眼角拖动鼠标，填充渐变色，如图 7.23 所示。

（16）按 Q 键退出快速蒙版模式。按 Ctrl＋Shift＋I 键反选选区，按 Delete 键删除选区内容，按 Ctrl＋D 键取消选区。

（17）设置背景副本 2 的图层的混合模式为"滤色"，如图 7.24 所示。

（18）选择"通道"面板，新建 Alpha 1 通道。

（19）选择画笔工具 ，在属性栏中选择画笔为"尖角 9 像素"，在窗口中随意绘制直线，如图 7.25 所示。

图 7.23　填充渐变色效果图

图 7.24　设置滤色效果图

图 7.25　绘制直线效果图

（20）执行"滤镜"→"模糊"→"动感模糊"命令，在打开的"动感模糊"对话框中设置角度为 90°、距离为 301 像素，单击"确定"按钮，如图 7.26 所示。

(21) 执行"滤镜"→"画笔描边"→"强化的边缘"命令,打开"强化的边缘"对话框,设置参数为 1、10 和 1,单击"确定"按钮,如图 7.27 所示。

图 7.26 "动感模糊"对话框

图 7.27 "强化的边缘"对话框

(22) 执行"滤镜"→"画笔描边"→"喷溅"命令,在打开的对话框中设置参数为 3 和 15,单击"确定"按钮,如图 7.28 所示。

(23) 按住 Ctrl 键不放单击 Alpha 1 通道缩略图,载入选区,选择图层 2 后新建图层 3。

(24) 设置前景色为深咖啡色(82,60,0),按 Alt+Delete 键将选区填充为前景色,按 Ctrl+D 键取消选区。

(25) 设置图层 3 的图层的混合模式为"滤色",如图 7.29 所示。

图 7.28 "喷溅"对话框

图 7.29 图层 3 设置效果图

(26) 新建图层 4。

(27) 选择"画笔工具",在属性栏中设置"画笔"为粉笔 50 像素,在窗口中随意涂抹。

(28) 将图层 4 的图层混合模式为"滤色","不透明度"设置为 80%,如图 7.30 所示。

(29) 选择"横排文字工具",选择个人喜欢的字体和大小,在窗口中如图 7.31 所示的位置输入文字,如图 7.31 所示。

图 7.30　图层 4 设置效果图　　　　　　　图 7.31　另类写真完成效果图

【课堂实践】

7.3　综合实例：图层蒙版——茶文化海报

图层蒙版可以让图层中的部分图像显现或隐藏。图层蒙版是一种灰度图像，其效果与分辨率相关，因此用黑色绘制的区域是隐藏的，用白色绘制的区域是可见的，而用灰度绘制的区域则会出现在不同层次的透明区域中。

在"图层"调板中，图层蒙版显示为图层缩略图右边的附加缩略图，该缩略图代表添加图层蒙版的创建的灰度通道。

（1）执行菜单栏中的"文件"→"打开"命令，或使用 Ctrl+O 键，将弹出"打开"对话框，选择文件"茶文化海报.psd"文件，将图像打开。打开的素材如图 7.32 所示。

图 7.32　打开素材文件

（2）为了使上层的图像与底部的图像更好地融合，需要使用图层蒙版将不需要的图像隐藏，但不是删除，如果需要随时还可以使图像返还到初始状态。

（3）按下 Q 键或单击工具箱中以"快速蒙版"模式编辑 按钮，进入"快速蒙版"编辑状态，确定"前景色"为黑色，在工具箱中单击"画笔" 工具，使用"画笔"工具在上层图像的右下角进行涂抹，如图 7.33 所示。

图 7.33　进入快速蒙版编辑模式并涂抹效果图

（4）然后按 Q 键或单击工具箱中以"标准"模式编辑 按钮切换到"标准"编辑模式状态，可以看到涂抹区域为选区以外的区域，如图 7.34 所示。

图 7.34　标准编辑模式效果图

（5）单击"图层"面板底部的"添加图层蒙版" 按钮，在"图层"面板中"图层 2"右侧出现一个白色的方框，即增加的图层蒙版，此时选区以外的区域被隐藏了，选区内的区域显现在图层中，如图 7.35 所示。

图 7.35　添加图层蒙版

（6）切换到"通道"面板，在面板中自动生成一个"图层 2 蒙版"通道，该通道实际上就是图层 2 的蒙版。编辑该通道就是在编辑图层 2 的蒙版，如图 7.36 所示。

（7）确定"前景色"为黑色，使用"画笔"工具，在"图层 2 蒙版"通道中进行涂抹，在涂抹

图 7.36　临时蒙版通道

的同时根据情况适当调整"画笔"的笔触大小和不透明度。画笔所涂之处显现出底下图层中的图像,如图 7.37 所示。

图 7.37　编辑蒙版通道

（8）单击"图层 2 蒙版"通道前的眼睛图标,并将 RGB 通道隐藏,这是观察画笔所涂抹的区域和效果,如图 7.38 所示。

图 7.38　显示通道涂抹效果

（9）通过上述操作可以看出,蒙版可以像通道一样定义一个区域,图层蒙版可以让图层中的图像按照区域规划的方式显示或隐藏。

（10）多次按下 Ctrl＋Alt＋Z 键返回到图像的初始状态,选择"图层",执行"图层"→"图层蒙版"→"显示全部"命令,为"图层 2"添加图层蒙版,如图 7.39 所示。

（11）确认"图层 2"的图层蒙版缩略图处于选择状态,按 D 键或单击工具箱中"默认前景色和背景色"■按钮,将前景色和背景色设置为默认的白色和黑

图 7.39　执行显示全部命令

色。接着单击工具箱中"渐变" 工具，设置其工具选项栏，如图 7.40 所示。

（12）使用设置好的"渐变"工具，在视图相应位置单击并拖动鼠标，将"图层 2"中的部分图像遮盖，如图 7.41 所示。

图 7.40　设置渐变工具选项栏

图 7.41　编辑蒙版

（13）确认"图层 2"图层蒙版缩略图为选择状态，执行"滤镜"→"滤镜库"→"素描"→"绘图笔"命令，在打开的"绘图笔"对话框中进行设置，单击"确定"命令，如图 7.42 所示。

（14）执行菜单栏中的"文件"→"打开"命令，或使用 Ctrl+O 键，将弹出"打开"对话框，选择文件"天空.jpg"文件，将图像打开。打开的素材如图 7.43 所示。

图 7.42　为蒙版添加滤镜效果

图 7.43　打开天空素材

（15）使用工具箱中的"移动工具" ，将"天空"文档中的图像拖动至"茶文化海报"文档中，生成"图层 3"，并调整图像的大小和位置，效果如图 7.44 所示。

（16）按下 Alt 键，单击并拖动"图层 2"的图层蒙版缩略图至"图层 3"上，然后松开鼠标，这时将复制"图层 2"的图层蒙版并将其应用于"图层 3"上，如图 7.45 所示。

图 7.44　调整图像大小与位置　　　　　图 7.45　复制蒙版

（17）将"前景色"设置为黑色，选择"画笔"工具，并设置其选项栏，然后在蒙版中涂抹，将"图层 3"中相应的图像隐藏，如图 7.46 所示。

图 7.46　编辑图层 3 蒙版

（18）选择"图层 3"，然后单击"创建新的填充或调整图层"按钮，在弹出的快捷菜单中执行"渐变映射"命令，在弹出的对话框中进行设置，调整图像整体色调，如图 7.47 所示。

图 7.47　添加"渐变映射"调整图层

（19）按下 Alt 键，单击并拖动"图层 3"的图层蒙版缩略图到"渐变映射"调整图层的图层蒙版缩略图上，然后松开鼠标，将弹出提示对话框，询问是否替换图层蒙版，如图 7.48 所示。

图 7.48　替换蒙版提示框

（20）单击"是"按钮，使"渐变映射 1"调整图层的蒙版被替换为与"图层 3"相同的蒙版，效果如图 7.49 所示。

图 7.49　替换蒙版

（21）设置"前景色"为白色，使用"画笔"工具再对"渐变映射 1"调整图层的蒙版进行编辑，使相应图像不受该蒙版的影响，效果如图 7.50 所示。

图 7.50　编辑蒙版

（22）新建"图层 4"，使用"矩形选框工具"在视图右侧绘制一个矩形选区，并对选区填充颜色（241,225,198），然后取消选区，如图 7.51 所示。

（23）执行菜单栏中的"文件"→"打开"命令，或使用 Ctrl＋O 键，将弹出"打开"对话框，

图 7.51 绘制图像

选择文件"素材/07/茶壶.jpg"文件,将图像打开。打开的素材如图 7.52 所示。

（24）对"茶壶"文件进行图像大小设置,使用工具箱中"磁性套索工具"沿茶壶轮廓绘制选区,执行"编辑"→"复制"命令,将选区复制。然后选中"茶文化海报"文档,执行"编辑"→"粘贴",将茶壶复制到"茶文化海报"文档中,调整茶壶位置,如图 7.53 所示。

（25）在合适位置添加文字,效果如图 7.54 所示。

图 7.52 打开素材

图 7.53 复制图像

图 7.54 最终完成效果

第8章

路径与形状工具的使用

【知识技能目标】

(1) 了解哪些情况需要路径与形状工具操作。

(2) 掌握路径与形状工具的操作方法。

(3) 识记路径的调整技巧与自定义形状工具的使用。

(4) 熟练掌握路径与形状工具操作满足各种特殊效果的制作。

【操作任务】

通过对路径与形状工具进行操作,制作出特殊的图像效果。

【操作实践】

8.1 实例1: 绘制花朵——钢笔工具的使用

(1) 执行菜单栏中的"文件"→"新建"命令,打开"新建"对话框,设置"宽度"为 300 像素,"高度"为 300 像素,"分辨率"为 200 像素/英寸,"颜色模式"为 RGB 颜色,"背景内容"为白色。设置完成后,单击"确定"按钮,创建一个新的文档。

(2) 单击工具箱上的"钢笔工具" ◊. ,在工具选项栏中单击"路径" ▣ 按钮,然后在画布中央绘制一个多边形路径,如图 8.1 所示。

(3) 单击工具箱上的"转换点工具" ▷ 按钮,单击拖动其中的一个点,来调整多边形的形状,如图 8.2 所示。

图 8.1　绘制多边形路径

图 8.2　调整多边形

（4）使用同样的方法，单击拖动其他的几个点，来调整图形的形状，作为一种花的效果。在路径中右击，在弹出快捷菜单中选择"建立选区"命令，将弹出"建立选区"对话框，不改变对话框中的设置，单击"确定"按钮确认，得到花朵形状的选区。

（5）创建一个新图层——图层 1。单击工具箱上的"渐变工具" 按钮，在工具选项栏中选择"径向渐变" ，并将渐变色设置为从浅紫色（R：251，G：125，B：238）到白色，从选区中心向外拖动填充，如图 8.3 所示。

（6）单击工具箱上的"画笔工具" 按钮，将"画笔"设为尖角 2 像素，并将前景色设置为浅紫色。在每一个花瓣的中部根据花瓣的伸展方向描出一条细的曲线。

（7）将花朵图像选中。按住 Alt 键，并使用鼠标将图像拖动到合适位置，即可得到一个复制的花朵图像，使用同样方法反复复制几个花朵图像，并放在不同的位置，即可得到一簇鲜花的图像，如图 8.4 所示。

（8）将所有的花朵图层合并，使用"多边形选框工具" ，建立一个选区。

（9）选择"背景"层。单击"渐变工具"按钮，在工具选项栏选择"线性渐变" ，使用蓝色到白色的渐变从左向右填充选区。选中"图层 1"，按 Delete 键将选区内多余图像删除，完成实例的制作，如图 8.5 所示。

图 8.3　填充渐变

图 8.4　多次复制

图 8.5　完成效果图

8.2　实例 2：彩带字——路径的描绘

（1）执行菜单栏中的"文件"→"新建"命令，打开"新建"对话框，设置"名称"为彩带字，"宽度"为 400 像素，"高度"为 400 像素，"分辨率"为 200 像素/英寸，"颜色模式"为 RGB 颜色，"背景内容"为白色。设置完成后，单击"确定"按钮，创建一个新的文档。

（2）单击工具箱中的"横排文字蒙版工具" 按钮，在工具选项栏中设置文字的字体为隶书，字号为 18。在画布中单击并输入文字"彩带字"。

（3）单击工具箱中的"渐变工具"按钮，在工具选项栏中，设置渐变效果为色谱渐变，类型为线性。从左向右为文字填充色谱渐变，拖动的效果如图 8.6 所示。

（4）执行菜单栏中的"编辑"→"定义画笔预设"命令，在打开的"画笔名称"对话框中，设置画笔的名称为"彩带字"，这样就定义了一个画笔。

（5）按 Ctrl＋D 键，取消选择。单击工具箱中的"钢笔工具"按钮，选择"钢笔工具"，并在工具选项栏中单击"路径" 按钮。在画布中单击并拖动鼠标，绘制一条曲线路径（由下向上），如图 8.7 所示。

图 8.6　拖动填充效果　　　　　　　图 8.7　绘制路径

　　（6）单击工具箱中的"画笔工具"按钮，在工具箱选项栏中单击"点按可打开'画笔预设'选区器"三角形按钮，在弹出的列表框中选择刚才定义的彩带字画笔。

　　（7）执行"窗口"→"画笔"命令，打开"画笔预设"面板，选择"画笔笔尖形状"选项，并设置"直径"为 148 像素，"间距"为 1‰，选择"颜色动态"选项。

　　（8）设置前景色为蓝色，背景色为红色。打开"路径"面板，单击面板底部"用画笔描边路径"按钮，为路径进行描边，如图 8.8 所示。

　　（9）单击工具箱中的"直接选择工具"按钮，在画布中选择路径的最下面的节点。按Delete 键将该节点删除，删除节点后的效果如图 8.9 所示。

图 8.8　画笔描边路径效果　　　　　图 8.9　删除最下面的节点

　　（10）将前景色设置为红色，将背景色设置为绿色。单击工具箱中的"画笔工具"按钮，再次单击"路径"面板底部的"用画笔描边路径"按钮，为路径描边，描边效果如图 8.10 所示。

　　（11）利用"直接选择工具"，用上述方法，删除路径最下方的节点。设置前景色为绿色，背景色为黄色，选择"画笔工具"，再次描边，效果如图 8.11 所示。

　　（12）使用同样的方法，删除最下方的节点，设置前景色为黄色，背景色为紫色，再次描边。将路径全部删除，单击工具箱中的"横排文字蒙版工具"按钮，再次输入文字，与前面的大小相同，并填充"色谱"渐变，覆盖最先输入的文字，完成最终效果的制作，效果如图 8.12所示。

图 8.10　描边效果　　　　图 8.11　再次描边效果　　　　图 8.12　最终完成效果

8.3　实例 3：树叶形状——创建自定形状

（1）执行菜单栏中的"文件"→"打开"命令，将弹出"打开"对话框，选择文件"素材/08/绿叶.jpg"文件，将图像打开。打开的素材如图 8.13 所示。

（2）在工具箱中选择"魔棒工具"，在打开的图像树叶以外的区域单击，将背景选中，执行菜单栏中的"选择"→"反向"命令，或按 Shift＋Ctrl＋I 键，将选区反选，选中树叶。

（3）打开"路径"面板，在"路径"面板菜单中，选择"建立工作路径"命令，打开"建立工作路径"对话框，设置"容差"为 0.5 像素，如图 8.14 所示。然后单击"确定"按钮，即可创建一个工作路径，如图 8.15 所示。

图 8.13　打开素材

图 8.14　"建立工作路径"对话框

图 8.15　创建的工作路径

（4）执行菜单栏中的"编辑"→"定义自定形状"命令，打开"形状名称"对话框，设置形状的"名称"为树叶。

（5）设置名称后，单击"确定"按钮，即可创建一个自定形状。在工具箱中选择"自定形状工具"，在工具选项栏中单击黑色的倒三角按钮，可以打开"自定形状工具"面板，在面板的最后将显示出刚创建的自定树叶形状。这样就可以像其他形状一样使用了。

8.4　实例 4：天运古董——自定形状工具的应用

（1）执行菜单栏中的"文件"→"新建"命令，打开"新建"对话框，设置"名称"为天运古董，"宽度"为 13 厘米，"高度"为 18 厘米，"分辨率"为 100 像素/英寸，"颜色模式"为 RGB 颜色,"背景内容"为白色。设置完成后,单击"确定"按钮,创建一个新的文档。将前景色设为红色(C:28,M:98,Y:70,K:23),将背景颜色设为深红色(C:46,M:89,Y:63,K:63),选择"渐变工具"，设置渐变颜色从前景色到背景色,然后将其填充为线性渐变。

(2)选择"矩形工具"，在工具选项栏中单击"路径"按钮,在图像窗口中绘制一个矩形路径,如图 8.16 所示。

(3)选择"自定形状工具"，单击工具栏中的"形状"选项,在弹出的"自定形状拾色器"对话框中选择图形"装饰"→"饰件 4",在工具选项栏中单击"路径"按钮，在图像窗口中绘制如图 8.17 所示的路径。

图 8.16　绘制矩形路径

图 8.17　路径效果

(4)利用"直接选择工具"将图中的菱形图案选中,执行菜单栏中的"编辑"→"自由变换路径"命令,路径周围出现控制框,在工具选项栏中将"旋转"设为 45°,按 Enter 键确认操作,此时,路径将旋转 45°,效果如图 8.18 所示。

(5)选择"直接选择工具",选择路径上的某些锚点,并按 Delete 键删除。此时,路径效果如图 8.19 所示。将该路径复制 3 次,分别将这几个路径移至矩形路径的顶角上,使其与矩形路径的边缘重合,效果如图 8.20 所示。

(6)新建"图层 1",选择"椭圆工具"，在工具选项栏中单击"路径"按钮,按住 Shift 键并在图像窗口中绘制一个圆形路径。再次选择"椭圆工具"，在工具选项栏中单击"路径"按钮和"重叠形状区域除外"，按住 Shift 键并在图像窗口中绘制一个比刚才略小的圆形路径,如图 8.21 所示。

(7)使用"路径选择工具"，同时选中两个圆形路径,单击工具选项栏中的"垂直居中对齐"按钮和"水平居中对齐"按钮,使两个路径对齐。单击工具选项栏中的"组合"按钮,大圆路径将减去小圆路径,路径效果如图 8.22 所示。

(8)选择"自定形状工具"，单击工具栏中的"形状"选项,在弹出的"自定形状拾色器"

对话框中选择图形"装饰 5",在工具选项栏中单击"路径"按钮，在图像窗口中绘制路径，调整其位置。

图 8.18　旋转 45°的效果

图 8.19　删除部分锚点

图 8.20　调整路径位置

图 8.21　绘制较小的圆形路径

（9）使用"路径选择工具"，选中刚绘制的路径，按住 Alt＋Shift 键并向下拖曳鼠标复制路径，并将复制出的路径垂直向下移动。执行菜单栏中的"编辑"→"自由变换路径"命令，将复制的路径进行 180°旋转，调整其位置后，效果如图 8.23 所示。

（10）单击"路径"面板底部的"将路径作为选区载入"按钮，将路径转换为选区。新建"图层 2"，将前景色设为红色（C：31，M：96，Y：66，K：28），按 Alt＋Delete 键，用前景色填充选区,取消选区。将"图层 2"的"填充"设为 60％,效果如图 8.24 所示。

图 8.22　组合效果

图 8.23　复制并旋转路径

(11) 按 Ctrl＋O 键,选择"素材/08/古董.psd"文件,将其添加到"天运古董"画布中,"图层"面板中生成"图层 3",调整"图层 3"中图像的位置和大小。

(12) 选择"直排文字工具"IT,在工具选项栏中将字体设为"华文行楷",字号设为 24 点,颜色设为深黄色(C:33,M:41,Y:75,K:7),在图像窗口中输入文字"天运古董",如图 8.25 所示。

图 8.24　设置图层填充属性的效果

图 8.25　最终效果

8.5 实例 5：邀请函——路径综合应用

（1）执行菜单栏中的"文件"→"新建"命令，打开"新建"对话框，设置"名称"为邀请函，"宽度"为 18 厘米，"高度"为 10 厘米，"分辨率"为 100 像素/英寸，"颜色模式"为 RGB 颜色，"背景内容"为白色。设置完成后，单击"确定"按钮，创建一个新的文档。

（2）新建"图层 1"。选择"自定形状工具" ，单击工具栏中的"形状"选项，在弹出的"自定形状拾色器"对话框中选择图形"花 4"。

（3）在"自定形状工具"工具选项栏中单击"路径" 按钮，在图像窗口中按住鼠标并拖曳，绘制一个形状路径，单击"路径"面板底部的"将路径作为选区载入" 按钮，将路径转换为选区。

（4）选择"渐变工具" ，单击工具选项栏中的"编辑渐变"按钮 ，弹出"渐变编辑器"对话框，将渐变颜色设为从红色（C：0，M：88，Y：99，K：0）到淡红色（C：1，M：38，Y：16，K：0），单击"确定"按钮，在工具选项栏中单击"径向渐变" 按钮，选中"反向"复选框，在图像窗口中，从选区中心位置向外侧拖曳鼠标，为其填充渐变。

（5）将"图层 1"复制两次，"图层"面板中将生成"图层 1 副本"及"图层 1 副本 2"图层，使用"移动工具" 和"自由变换"命令分别对这两个图层中的图像进行移动和缩放，效果如图 8.26 所示。

（6）新建"图层 2"。单击工具栏中的"形状"选项，在弹出的"自定形状拾色器"对话框中选择图形"花 3"，在图像窗口中按住鼠标并拖曳，绘制一个路径形状，在"路径"面板中，将该路径重命名为"路径 2"，单击面板底部的"将路径作为选区载入" 按钮，将路径转换为选区。

（7）选择"套索工具" ，在工具选项栏中选中"从选区减去" 按钮，在图像窗口中选区右部绘制一个不规则的选区，将原选区减去一部分。然后将其填充为红色（C：0，M：81，Y：71，K：0），取消选区，效果如图 8.27 所示。

图 8.26 复制并调整   图 8.27 填充颜色

（8）按住 Ctrl 键并单击"路径"面板中的"路径 2"层，将该路径转换为选区。在"图层"面板中，保持选中"图层 2"，执行菜单栏中的"选择"→"载入选区"命令，弹出"载入选区"对话框，在"通道"选项下选择"图层 2"透明选项，在"操作"选项组中选中"从选区中减去"单选按钮,单击"确定"按钮。

(9) 执行菜单栏中的"编辑"→"描边"命令,弹出"描边"对话框,将"宽度"设为 1 像素,将"颜色"设为红色(C:0,M:81,Y:71,K:0),在"位置"选项组中选中"居中"单选按钮,单击"确定"按钮。按 Ctrl+D 键取消选区,效果如图 8.28 所示。

(10) 选择"钢笔工具"👌,在工具选项栏中单击"路径"⬛按钮,在图像窗口中绘制多条曲线路径,新建"图层 3",将前景色设为红色(C:0,M:81,Y:71,K:0)。选择"画笔工具"✐,在工具选项栏中单击"画笔"选项中的▾按钮,打开"画笔预设"选取器,将"主直径"选项设为 1 像素,将"硬度"选项设为 100%。单击"路径"面板底部的"用画笔描边路径"按钮,用画笔为路径进行描边,隐藏该路径后,图像效果如图 8.29 所示。

(11) 在"图层"面板中,将"图层 3"拖动到背景图层上方、其他图层下方,调整图层的叠放次序。选择"自定形状工具"🗗,单击工具栏中的"形状"选项,在弹出的"自定形状拾色器"对话框中选择图形"叶子 3",在工具选项栏中单击"路径"⬛按钮,在图像窗口中绘制多个叶子形状的路径,效果如图 8.30 所示。

图 8.28 描边效果　　　图 8.29 画笔描边效果　　　图 8.30 绘制叶子路径

(12) 新建"图层 4",使用"路径选择工具"▸,将部分叶子形状的路径选中,单击"路径"面板下方的"用前景色填充路径"⬭按钮,用前景色填充路径,图像效果如图 8.31 所示。

(13) 使用"路径选择工具"▸,将其他叶子形状的路径选中,如图 8.32 所示。选择"画笔工具",单击"路径"面板底部的"用画笔描边路径"⚙按钮,用画笔为路径进行描边,隐藏所有路径后图像效果如图 8.33 所示。

(14) 新建"图层 5",选择"自定形状工具"🗗,单击工具栏中的"形状"选项,在弹出的"自定形状拾色器"对话框中选择图形"花 4",在"自定形状工具"工具选项栏中单击"路径"⬛按钮,在图像窗口中按住鼠标并拖曳,绘制一个形状路径,单击"路径"面板底部的"将路径作为选区载入"⚙按钮,将路径转换为选区。用红色(C:0,M:87,Y:99,K:0)填充选区,按 Ctrl+D 键,取消选区,将"图层 5"复制 5 次,生成 5 个副本图层,使用"移动工具"➕和"自由变换"命令分别对这 5 个图层中的图像进行移动和缩放。将 5 个副本图层合成,并设置"不透明度"为 10%,效果如图 8.34 所示。

| 图 8.31　填充前景色 | 图 8.32　选择路径 | 图 8.33　用画笔进行描边 |

图 8.34　设置不透明度效果图

　　(15) 选择"横排文字工具"T，在工具选项栏中将字体设为隶书，字号设为 48 点，颜色设为深红色（C：26，M：91，Y：100，K：30），在图像窗口中输入文字"邀请函"，效果如图 8.35 所示。

图 8.35　输入文字

8.6　实例 6：　路径的输出

（1）执行菜单栏中的"文件"→"打开"命令，将弹出"打开"对话框，选择"素材/08/路径
输出.psd"文件，将图像打开。

（2）在"路径"面板中，可以看到一个已经存在的路径效果。选择该路径后，可以在文档
窗口中看到该路径，如图 8.36 所示。选择"路径 1"路径层后，在"路径"面板中单击 ▾≣ 按钮，
在弹出的菜单中选择"剪贴路径"命令，如图 8.37 所示。

图 8.36　路径效果

图 8.37　选择"剪贴路径"命令

（3）选择"剪贴路径"命令后，将打开如图 8.38 所示的"剪贴路径"对话框，通过该对话
框可以对路径进行设置。

图 8.38　"剪贴路径"对话框

（4）设置完剪贴路径参数后，单击"确定"按钮，即可为图像创建剪贴路径，然后将该图
像保存为 TIF 格式或 EPS 格式。打开 Adobe InDesign 或是 PageMaker 等排版软件，将其
导入，通过剪贴路径的图像将不再显示路径以外的图像，只显示路径内的图像效果。

8.7　实例 7：　导出路径到 Illustrator

（1）执行菜单栏中的"文件"→"打开"命令，将弹出"打开"对话框，选择"素材/08/鞭炮.

tif"文件,将图像打开。

（2）从打开的图像中可以看出,使用魔棒工具选择鞭炮非常容易。选择工具箱中的"魔棒工具" ,然后在图像中的白色位置单击,将鞭炮以外的图像选中,然后执行菜单栏中的"选择"→"反向"命令,选择鞭炮。

（3）打开"路径"面板,单击底部的"从选区生成工作路径" 按钮,将选区转换为路径,执行菜单栏中的"打开"→"导出"→"路径到 Illustrator"命令,打开"导出路径"对话框,设置一个文件名并指定保存的位置,单击"保存"按钮,即可将路径导出。

Chapter 9

图像色彩和色调调整

【知识技能目标】

（1）了解图像色彩和色调调整的重要用途。

（2）掌握色彩和色调的调整编辑。

（3）识记图像色彩和色调调整的操作技巧。

（4）熟练掌握通过色阶、曲线和色相/饱和度的使用，制作特效。

【操作任务】

通过对图像色彩和色调调整的综合应用，制作出特殊的图像效果。

【操作实践】

9.1　图像色调调整

本节中将介绍如何通过"色阶"、"曲线"命令调整图像的色调。

9.1.1　色阶的调整

"色阶"命令用来调整图像的明暗度，可以调整图像的黑场、白场、中间调的强度级别，从而校正图像的色调范围和色彩平衡。还可以用来观察图片的质量，有些图片很容易看出偏色，而有些则很难用肉眼分辨，因此我们可以采取查看直方图的方法来判断。

通过执行"图像"→"调整"→"色阶"（快捷键 Ctrl＋L）命令打开"色阶"编辑窗口，如图 9.1 所示。在"色阶"编辑窗口中，最上面是"通道"的选择，然后是"输入色阶"，可以用具体数字进行调整，中间是直方图，最下面是"输出色阶"。

输入、输出色阶中色调分为 256 级，数值为 0～255，0 代表黑色，255 代表白色。其中，从 0～85 为暗部，从 86～170 为中间调，从 171～255 为高光部。图 9.1 中下面的小三角，黑色的代表 0，它移动到哪儿，哪儿的值就为 0，相反，白色的小三角代表 255，它移动到哪儿，哪儿的值就为 255，中间的灰色三角用来控制灰色（中间调）部分。

图 9.1　"色阶"对话框

　　先把黑色三角向右移动,白色三角向左移动,图片的对比度变高了,而且灰色调也没有了,图像更加清晰,如图 9.2 所示。因为黑色三角以左的部分的值都变为 0,也就是说从前这里的灰色调都变暗了,高光部分也是同样的道理,灰色调都变亮了。再看"输出色阶",将暗部的输出值设置为 50,也就是将输入值黑色三角以左的值都设置为 50,因此暗部不再有低于 50 的色阶,那么高光也是同理,将输入值的白色三角以右的值全部设置为了 230,也就是说 230 以上的亮度都没有了,那么这幅图片现在最亮的地方的色阶是 230,如图 9.3 所示。

图 9.2　增强对比度

　　调整后的图像色阶分布很均匀,图片质量较高,如图 9.4 所示。

　　"色阶"编辑窗口右下方的 3 个吸管工具一般是用来校正颜色的,如图 9.5 所示。第一个称为"黑场",代表黑色;第二个称为"灰场",代表中性灰色;第三个称为"白场",代表白色。要校正一幅图片,就要分别找出它的黑场、白场、灰场。如果找对了,那么这幅图片的偏色将完全校正。

　　"黑场"、"灰场"、"白场"设置按钮如图 9.5 所示。

图 9.3　对"输出色阶"的设置

图 9.4　调整后色阶分布

图 9.5　"黑场"、"灰场"、"白场"设置按钮

　　"色阶"的另一个命令是"自动",使用简便,按一下就可以自动调节。但这个命令要慎用,不是每幅图片都适用。因为"自动"命令是根据色彩来调节的,它很公正,会把 RGB 三个通道的色调平分,也就是说,如果蓝色通道偏少,就会将它补足,这样就会造成严重的色彩失衡。

实例 1：图片校色

　　下面通过具体实例对"色阶"命令调整图像色调做进一步了解。

　　先来观察一下原图,如图 9.6 所示,从整幅图来看,整体色调反差不大,暗调像素缺乏,明调也同样缺乏。

　　利用"色阶"校正色调的具体步骤如下。

　　(1) 按 Ctrl+L 键打开色阶调节窗口。

　　(2) 按设置白场和黑场按钮(吸管)对白场和黑场进行设置,如图 9.7 和图 9.8 所示。

图 9.6　原图

图 9.7　设置白场

图 9.8　设置黑场

（3）单击设置"灰场"按钮设置中性灰,如图9.9所示。

图9.9　设置灰场

　　（4）再看直方图,黑场、白场都有像素存在,图片不再显得那么灰,简单的图片校色处理完成,最终效果如图9.10所示。

(a) 处理前　　　　　　　　　　　　　　　(b) 处理后

图9.10　处理前后对比

实例2：调整图片色彩

　　色阶常用来调整黑场、白场、灰场,其实也能调出很不错的颜色,前提是你要更加熟悉和了解它。接下来的实例就是利用"色阶"实现色彩的调整。

　　（1）打开素材图片,如图9.11所示,进行色阶调整,如图9.12～9.15所示,调整后图片效果如图9.16所示。

　　（2）添加"色阶"调整图层,如图9.17～图9.20所示,用黑色画笔在蒙版中间部位涂抹,如图9.21所示。

　　（3）新建图层,做透明到黑色径向渐变,添加"图层蒙版",效果如图9.22所示。

　　（4）盖印可见图层,执行"滤镜"→"转换为智能滤镜"命令,做"光照效果",如图9.23所示。

图 9.11　原图

图 9.12　对 RGB 通道的调整

图 9.13　对"红色"通道的调整

图 9.14　对"绿色"通道的调整

图 9.15 对"蓝色"通道的调整

图 9.16 调整后图片效果

图 9.17 对 RGB 通道的调整

图 9.18 对"红色"通道的调整

图 9.19 对"绿色"通道的调整

图 9.20 对"蓝色"通道的调整

图 9.21 对"蒙版"的处理

图 9.22 为渐变图层添加蒙版

图 9.23 添加"光照效果"智能滤镜

（5）盖印可见图层，做锐化，图像处理完毕，效果如图 9.24 所示。

(a) 处理前 (b) 处理后

图 9.24 处理前后对比

实例 3：制作斑驳效果

"色阶"除了可以调整色彩外，还可以帮助人们轻松快速地做出印章的斑驳效果。

（1）新建文件，打上要做印章的字，如图 9.25 所示。

（2）在背景上加上适当边框，如图 9.26 所示。

（3）新建图层，填充白色到透明的渐变，图层设置为"溶解"模式，如图 9.27 所示。

（4）合并图层，应用高斯模糊，效果如图 9.28 所示。

图 9.25　输入文字

图 9.26　添加边框

图 9.27　添加渐变层,设置为"溶解"

图 9.28　模糊效果

（5）应用色阶调节，这样就完成了斑驳效果的制作，效果如图9.29所示。

图 9.29　最终效果图

实例 4：皮肤美白

（1）打开图片，提取高光选区（快捷键为 Ctrl＋Alt＋2）。

（2）将选区内的图像复制到新层（快捷键为 Ctrl＋J），如图9.30所示。

图 9.30　将高光区复制为新图层

（3）做色阶调整，添加"图层蒙版"，突出嘴、眼，完成照片的处理，效果如图9.31所示。

图 9.31　对蒙版的处理

（4）处理完毕，效果如图9.32所示。

(a) 处理前

　　　　(b) 处理后

图 9.32　处理前后对比

9.1.2　曲线的调整

　　就调整图像来说，在"图像"→"调整"菜单里，有很多可以选择的工具，但仅"曲线"这一项工具就可以完成很多功能，如调节全体或是单独通道的对比，调节任意局部的亮度、调节颜色等。

　　执行"图像"→"调整"→"曲线"命令（快捷键为 Ctrl＋M），出现"曲线"对话框，如图 9.33 所示。按住 Alt 键在网格内点击，可在大小网格之间切换，网格大小对曲线功能没有影响，但较小的网格可以帮使用者更好地观察。要注意在下面灰度条中间的两个小三角形，RGB 图像默认的是左黑右白，即从图像的暗部区到亮部区，而 CMYK 图像的默认正好相反。

图 9.33　"曲线"对话框

　　"曲线"反映的是图像的亮度值。一个像素有着确定的亮度值，可以改变它，使它变亮或变暗。下面的水平灰度条代表原图的色调，垂直的灰度条代表调整后的图像色调。在未做任何改变时,输入和输出的色调值是相等的,因此"曲线"为 45°的直线。当对"曲线"上任一点做出改动,图像上相对应的同等亮度像素也跟着改变。点击确立一个调节点,这个点可被拖移到网格内的任意位置。

接下来的实例示范了"曲线"上一些特定值的改变对图像所起的作用。

实例 5:"曲线"在灰度图像中的应用

首先打开一张灰度图片,如图 9.34 所示,这是用数码相机在一个昏暗的傍晚捕捉到的画面,画面缺乏对比,像素过于集中在中间色调范围。我们要用"曲线"来改善这幅图片。

图 9.34 原图

"曲线"向上弯曲可提高调节点亮度,使图片整体变亮;曲线向下弯曲可降低调节点亮度,图片整体变暗,如图 9.35 所示。

(a)"曲线"向上弯曲

(c) 曲线向下弯曲

图 9.35 "曲线"调整对图片的影响

(b) 图片整体变亮

(d) 图片整体变暗

图 9.35　（续）

　　但单纯提高或降低"曲线"亮度都不能完全解决问题，它们在改善图像一部分的同时也破坏了图像的另一部分。所以，"曲线"的另一个特点是可以添加多个调节点。在图像的任意地方添加调节点，单独调节，这样就可以针对不同亮度区域进行调整。对这张图片来说，两个调节点就可以工作得很出色，提高亮部区的亮度值，降低暗部区的亮度值，如图 9.36 和图 9.37 所示。

图 9.36　"曲线"形状

　　【小技巧】　按住 Shift 键可选择多个调节点，如要删除某一点，可将该点拖移出曲线坐标区外，或是按住 Ctrl 键单击这个点即可。

　　"曲线"上的任一点都可移动，当然也包括"曲线"的两个终点。如果我们确保"曲线"是直的，将"曲线"暗部端点向右移，亮部端点向左移，"曲线"变得陡峭，增加了中间色调的对比。这个方法对大多数缺乏对比的中间调图像十分有效，如图 9.38 所示。

图 9.37　图片效果

图 9.38　"曲线"形状变得陡峭

【小技巧】：快速做出反相效果。

　　将黑色端点从左边最下方移到最上方，将白色端点从右边最上方移到最下方，这样不用再使用"反相"命令也可以同样达到效果。

　　"自动"选项要慎用，一旦单击这个按钮，会使图像中最亮的像素变成白色，而使最暗的像素变成黑色。我们可以用吸管工具自己来指定图像中的最亮和最暗部分，在处理特殊效果图片时尤为突出。选择左边的黑色吸管，在图像窗口单击想要使它变成黑色的地方，白色也是同样。如果是为打印准备图像，需要更确定的颜色值，双击吸管，弹出"颜色"对话框，可以在这里设定精确值。

　　如果想知道图像上任一点的精确值，可以把鼠标移动到图像窗口，指针变成吸管模样，在想要查看的地方单击,在"曲线"上就会出现和这一点相对应的点,如图 9.39 所示。当需要改变某个特定地方的亮度值而又不知道它在"曲线"上的位置时,这个方法就非常有用了。担心记不住准确位置时可以按住 Ctrl 键,这样,这个点就会被固定下来。每张图片都是唯一的,所以它的"曲线"也是唯一的。图片之间最适合的"曲线"形态也许会大有不同,单击需要调节的范围,在"曲线"上标出,改变"曲线"斜率以增加对比,如图 9.40 所示。

图 9.39　"曲线"上对应图像上的点

图 9.40　图像中的点集中在"曲线"的一部分上

　　"曲线"在彩色图像中的应用,这里所指的彩色图像是指 RGB 图像,不包括 CMYK 模式的图像。RGB 图像是由一个复合通道和 3 个分别包含一种颜色亮度值的灰度通道所组成的。如果没有注意过这一点,那么打开通道面板,单击不同通道,将会看到不同亮度的灰度图像。这样,就可以像编辑灰度图像那样用"曲线"单独编辑每个通道了。

　　【小技巧】:消褪曲线(快捷键为 Ctrl+Shift+F)。

　　有时候做得很好,就是看起来有些"过",而又不愿用还原命令来埋没功绩,这时就可以使用"消褪"命令来减淡"曲线"效果。随着数量的递减,效果也越来越不明显。不过,要记得，一定要在刚刚用完"曲线"之后，还没有用其他命令之前，消褪才可以使用，否则将会是下一个命令的消褪。

【小技巧】：撤销和重做。

如果对刚做的"曲线"效果不满意，可以用 Ctrl＋Alt＋M 键打开"曲线"面板，此时会以最后一次设置的"曲线"打开对话框，这样就可以继续调节了。此外，"色阶"、"色相/饱和度"、"色彩平衡"等命令也可同样工作。

实例 6：利用"曲线"校正一幅偏色照片

（1）在 Photoshop 中打开原图，如图 9.41 所示。

图 9.41　原图

（2）复制背景层（快捷键为 Ctrl＋J）建立"曲线调整图层"，对"绿色"通道进行调整，如图 9.42 所示。

图 9.42　对"绿色"通道的调整

（3）再调整蓝色通道曲线，如图 9.43 所示。

图 9.43　对"蓝色"通道的调整

（4）到这一步，偏色的问题基本解决，接下来可以根据图片的实际情况做一些微调，如图 9.44 所示。

图 9.44　对图片添加"可选颜色"调节图层

（5）图片处理完毕，效果如图 9.45 所示。

(a) 处理前   (b) 处理后

图 9.45 处理前后对比

实例 7：利用"曲线"修复逆光照片

（1）打开第一幅图片，如图 9.46 所示，做"曲线"调节，一步完成，如图 9.47 所示。

图 9.46 原图

图 9.47 "曲线"调整

（2）打开第二张图片，如图 9.48 所示，建一个"曲线调整层"，做"曲线"调节，如图 9.49 所示。

图 9.48　原图

图 9.49　"曲线"调整

（3）用黑色画笔在"蒙版"里擦出天空，处理完毕，效果如图 9.50 所示。

图 9.50　最终效果

实例 8：增强照片的清晰度

（1）打开图片，如图 9.51 所示，执行"曲线"调整，如图 9.52～图 9.55 所示。

（2）盖印可见图层，效果如图 9.56 所示。

（3）新建图层，使用"径向渐变"为黑色到透明，将图层模式设置为"柔光"，效果如图 9.57 所示。

（4）添加"蒙版"，用刚才的渐变把人物主体做出来，如图 9.58 所示。

（5）盖印可见图层，效果如图 9.59 所示。

图 9.51　原 图

图 9.52　对 RGB 通道的调整

图 9.53　对"红色"通道的调整

图 9.54　对"绿色"通道的调整

图 9.55　对"蓝色"通道的调整

图 9.56 处理效果图

图 9.57 柔光效果

图 9.58 添加"蒙版"

图 9.59 处理效果

（6）再执行曲线调整，如图 9.60～图 9.62 所示。

（7）盖印可见图层，效果如图 9.63 所示。

图 9.60　对 RGB 通道进行调整

图 9.61　对"红色"通道进行调整

图 9.62　对"蓝色"通道进行调整

图 9.63　处理效果

（8）降噪处理后，基本完成，效果如图 9.64 所示。

（a）处理前　　　　　　　　　　　（b）处理后

图 9.64　处理前后对比

139

9.2 图像色彩调整

9.2.1 色彩平衡

图像在处理过程中或多或少地会丢失一些颜色,下面学习另一组命令——"色彩平衡",如图 9.65 所示。"色彩平衡"可以更改彩色图像的颜色混合。

图 9.65 "色彩平衡"对话框

可以根据需要着重更改阴影、中间调、高光的色调范围。选择"保持亮度"复选框可以防止图像的亮度值随颜色的更改而改变,该选项可以保持图像的色调平衡。将滑块拖向要在图像中增加的颜色,或将滑块脱离要在图像中减少的颜色。颜色条上面的值为红、绿、蓝三色通道的颜色变化。值的范围从 −100～+100。该命令不能单独调节单色通道。

实例 9:利用"色彩平衡"为照片加偏色

(1) 打开照片,复制背景层,如图 9.66 所示。

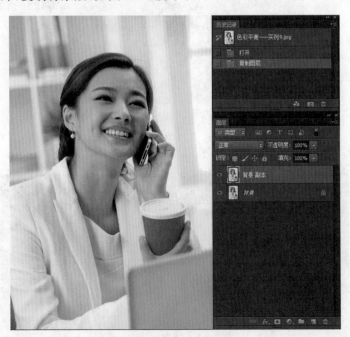

图 9.66 复制背景层

（2）选择"通道"面板里的"绿色"通道，全选（快捷键为 Ctrl＋A）后复制（快捷键为 Ctrl＋C），如图 9.67 所示。

图 9.67　复制"绿色"通道

（3）选择"通道"面板里的"蓝色"通道，粘贴（快捷键为 Ctrl＋V），如图 9.68 所示。

图 9.68　粘贴到"蓝色"通道

（4）选择背景层副本，执行"滤镜"→"模糊"→"特殊模糊"命令，如图 9.69 所示。

图 9.69 设置"特殊模糊"

（5）复制该图层，效果如图 9.70 所示。

图 9.70 处理效果

（6）执行"图像"→"调整"→"色彩平衡"命令或选择"色彩平衡"调节图层。调整"阴影"，不选"保持明度"复选框，如图 9.71 所示。

图 9.71　添加"色彩平衡"调节图层

（7）给"背景 副本 2"添加图层蒙版，将画笔不透明度调低，把眼睛擦出来，调整图片亮度，如图 9.72 所示，调整完毕，效果如图 9.73 所示。

图 9.72　调整"蒙版"

(a) 处理前   (b) 处理后

图 9.73　处理前后对比

9.2.2　亮度/对比度

　　使用"亮度/对比度"命令，可以对图像的色调范围进行简单的调整。与"曲线"和"色阶"命令不同，"亮度/对比度"会对每个像素进行相同程度的调整，该操作可能导致图像细节的丢失。在文本框中输入数值或者拖动滑块，可以调整图像的"亮度"和"对比度"，如图 9.74 所示。

图 9.74　"亮度/对比度"对话框

9.2.3　黑白

　　使用"黑白"命令，可以快速调制特殊的黑白特效。

实例 10：调制黑白特效

　　(1)打开图片，如图 9.75 所示，首先建立"色相/饱和度"调整层，如图 9.76 所示，设置各颜色饱和度如下：红色(0)、黄色(−100)、绿色(−100)、青色(−100)、蓝色(−100)、洋红(−100)。

　　(2)建立黑白调节图层，如图 9.77 所示。

图 9.75　原图

图 9.76　设置"色相/饱和度"调节图层

图 9.77　添加"黑白"调节图层

（3）可以试着按上面的方法反复调试，最终得到自己喜欢的某种效果，如图 9.78 所示。

9.2.4　色相/饱和度

使用"色相/饱和度"命令，可以调整图像中特定颜色的色相、饱和度和亮度，或者同时调整图像中的所有颜色，如图 9.79 所示。所谓色相，简单地说就是颜色。所谓饱和度，简单地说就是颜色的鲜艳程度。对于亮度，就是指明亮程度。

选中"着色"复选框，可以给灰度图像上色，或创作单色调效果。选择编辑单色时，底部的吸管功能则可以使用，可以从图像中选择颜色作为编辑范围，要扩大颜色范围，可以使用

(a) 效果1

(b) 效果2

(c) 效果3

图 9.78　调整为各种效果

图 9.79　"色相/饱和度"对话框

带"＋"号的吸管工具；要缩小颜色范围，可以使用带"－"号的吸管工具。当吸管工具被选中时，也可以按 Shift 键来添加到范围，或按 Alt 键从范围中减去。对话框下部有两个颜色条。上面的一条显示了调整前的颜色，下面那条显示了调整后在全饱和状态下的所有色相。

实例 11：修复偏色照片

（1）打开一张偏色照片，这张照片最明显的特点就是偏红，使用"色相/饱和度"先降低照片中的红色，如图 9.80 所示。

（2）此时，照片的洋红色过饱，所以接着再降低洋红色，如图 9.81 所示。

（3）当前，照片中的洋红色还是偏重，但利用色相和饱和度调整空间不大。所以，用"色彩平衡"再对照片做进一步调整，如图 9.82 所示。

（4）用"色阶"命令调整图片亮度，如图 9.83 所示。

（5）到了这一步，颜色基本就正常了。如果想要效果更好，可以继续利用"色相/饱和度"对红色和黄色做进一步微调，如图 9.84 所示。

（6）调整完毕，效果如图 9.85 所示。

图 9.80　"色相/饱和度"调整红色

图 9.81　调整洋红色

图 9.82　调整"色彩平衡"

图 9.83　调整"色阶"

(a) 对红色微调　　　　　　　　　　(b) 对黄色微调

图 9.84　调整"色相/饱和度"

(a) 处理前　　　　　　　　　　(b) 处理后

图 9.85　处理前后对比

9.2.5　替换颜色

　　使用"替换颜色"命令,可以选择图像中的特定颜色,然后调整它的色相、饱和度和亮度值,从而替换那些颜色。也可以使用拾色器来选择替换颜色,如图 9.86 所示。

　　单击"选区"单选按钮,在预览框中显示蒙版。选择"图像"可在预览框中显示图像,在处理放大的图像或仅有有限屏幕空间时,该选项非常有用。使用吸管工具可以选择显示的区域,按 Shift 键单击或使用带"+"号的吸管工具可以添加区域;按 Alt 键单击或使用带"-"号的吸管工具可以移去区域。在"颜色容差"文本框中输入数值或拖动滑块可以调整蒙版的"容差"。

9.2.6　可选颜色

　　"可选颜色"命令可对 RGB、CMYK 和灰度等色彩模式的图像进行通道校色,如图 9.87 所示。

　　"相对"为按照总量的百分比更改现有的颜色含量,例如,从 50% 的洋红开始添加 10%,其实结果洋红为 55%。"绝对"为采用绝对值调整颜色,例如,从 50% 的洋红开始添加 10%,结果洋红总量为 60%。

图 9.86 "替换颜色"对话框

图 9.87 "可选颜色"对话框

实例 12：利用"可选颜色"打造纯色艺术效果

（1）打开图片，复制背景层，做"自动色阶"，如图 9.88 所示。

图 9.88 "自动色阶"效果

（2）设置"可选颜色"，如图 9.89～图 9.91 所示。

图 9.89　调整"绿色"　　　　　图 9.90　调整"黄色"

图 9.91　调整后效果

（3）添加"纯色"调节图层，如图 9.92 所示。

（4）图层模式设置为"颜色"，如图 9.93 所示。

（5）打开"通道"面板，复制"绿色"通道，得到"绿色"通道副本，然后按 Ctrl 键单击绿色通道，回到图层面板，如图 9.94 所示。

（6）出现选区，设置前景色为黑色，添加到纯色蒙版，如图 9.95 所示。制作完成，效果如图 9.96 所示。

图 9.92 "纯色"设置

图 9.93 设置图层混合模式

图 9.94 取选区

9.2.7 通道混合器

使用"通道混合器"命令,可以改变某一通道的颜色,并混合到主通道中产生图像合成的效果。该命令只能用于 RGB 模式和 CMYK 模式的图像,如图 9.97 所示。

在"输出通道"列表中可以选择要在其中混合的通道。滑动滑块或在文本框中输入数值,可以增大或减小该通道在"输出通道"中所占的百分比,从-200%~+200%。"常数"选项可以调节通道的不透明度,并将其添加到"输出通道",负值相当于加上一个黑色通道,正值相当于加上一个白色通道。选择"单色"复选框,同样会将对话框中的设置应用到"输出通道",不过最后创建的是只包含灰度信息的彩色图像。

图 9.95 调整蒙版

(a) 处理前   (b) 处理后

图 9.96 处理前后对比

图 9.97 "通道混合器"对话框

实例 13：进行色彩校正

（1）打开图片，对图片进行磨皮，如图 9.98 所示。

图 9.98 图片效果

（2）盖印可见图层，设置"色相/饱和度"，如图 9.99 所示。

（3）调节"曲线"，如图 9.100 所示。

（4）再打开"通道混合器"设置，如图 9.101 所示。

（5）盖印可见图层，再次调节"曲线"，如图 9.102 所示。调节完毕，效果如图 9.103 所示。

图 9.99 设置"色相/饱和度"

图 9.100 调节"曲线"

图 9.101 设置"通道混合器"

图 9.102 调节"曲线"

(a) 处理前   (b) 处理后

图 9.103 处理前后对比

实例 14：使用"通道混合器"进行色彩校正

（1）打开图片，如图 9.104 所示，照片发黄、发暗，进行色彩校正的方法很多，这里使用"通道混合器"进行调节。

（2）先打开"通道"面板，如图 9.105 所示，可以看到红、绿通道基本正常，蓝色通道发黑，所以要对蓝色通道进行修复。

（3）打开"通道混合器"窗口，调整蓝色通道和红色通道，如图 9.106 和图 9.107 所示。

图 9.104　原图

图 9.105　"通道"面板

图 9.106　调整"蓝色"通道

图 9.107　调整"红色"通道

（4）调整完以后，偏色基本上得到了校正，但图片整体还是偏暗。下面再用"曲线"对明暗进行调整，如图 9.108 所示。

（5）先调整 RGB 通道，把图片整体变亮，发现色彩有些偏红，再对红色通道进行调整，如图 9.109 所示。

（6）盖印可见图层，复制盖印层，把图层模式设置为"滤色"，不透明度为 50%，如图 9.110 所示，这样图片基本处理完毕。

（7）如果图片仍然偏暗，则要进一步调整，使用 Ctrl＋Alt＋Z 键选出高光部分，反选，使用"曲线"调整图片的暗部，如图 9.111 所示。

（8）图片处理完毕，如果有更高要求可以为图片降噪、锐化，效果如图 9.112 所示。

图 9.108　调整"曲线"

图 9.109　继续调整"曲线"

图 9.110　图层设置

图 9.111　对高光调整"曲线"

图 9.112　处理前后对比

9.2.8　渐变映射

　　"渐变映射"命令可以将相等的图像灰度范围映射到指定的渐变填充色,如图 9.113 所示。

图 9.113　"渐变映射"对话框

　　单击渐变条,可以弹出"渐变编辑器"对话框,用来设置渐变颜色,也可以单击右侧的下拉按钮,选择渐变类型。选中"仿色"复选框则会添加随机杂色,使渐变映射效果过渡得更平滑。选中"反向"复选框将切换渐变填充的方向。

实例 15：使用"渐变映射"实现将照片处理为手绘特效

　　(1) 打开一张人物照片,复制背景层,如图 9.114 所示。

图 9.114　原图

　　(2) 使用黑白"渐变映射",如图 9.115 所示,设置图层不透明度为 60%。

图 9.115　用"渐变映射"

（3）使用"曲线"将图层调亮，如图 9.116 所示。

图 9.116 "曲线"调节

（4）为图层添加蒙版，主要是修饰脸蛋的透白，把头发及景色还原，如图 9.117 所示。

图 9.117 添加蒙版

（5）盖印可见图层，使用涂抹工具涂抹眉毛，加深睫毛、眼线和鼻梁，用画笔沿鼻梁画白线再模糊以突出鼻梁的光泽，再用海绵工具把眼睛的饱和度降低，如图 9.118 所示。

（6）盖印可见图层，对睫毛做进一步处理，如图 9.119 所示。

（7）多次利用"特殊模糊"滤镜，如图 9.120 所示，照片处理完毕，效果如图 9.121 所示。

图 9.118 细部加工效果

图 9.119 对睫毛的处理

图 9.120 "特殊模糊"后效果

(a) 处理前

(b) 处理后

图 9.121 处理前后对比

9.2.9 照片滤镜

"照片滤镜"命令是模仿在相机镜头前面加彩色滤镜，以便调整通过镜头传输的光的色彩平衡和色温，使胶片产生曝光的效果，如图 9.122 所示。

可以选择预设滤镜或自定义颜色来指定颜色。"浓度"用来调整应用于图像的颜色数量，可以拖动滑块或在文本框中输入百分比。如果不希望通过添加颜色滤镜来使图像变暗，可以选择"保持亮度"复选框。

图 9.122 "照片滤镜"对话框

9.2.10 变化

"变化"命令可以调整图像或选区内图像的色彩平衡、对比度和饱和度，可以通过缩略图直接看到调节前后的效果，使调节更为方便、快捷，如图 9.123 所示。此命令对于不需要进行精确的色彩调整的平均色调图像很有用，但是该命令不能用于索引颜色图像或 16 位/通道图像上。如果要调节索引图像，应该先将其转换为 RGB 模式的图像。

图 9.123 "变化"对话框

9.3 特殊颜色效果调整

9.3.1 去色

"去色"命令将彩色图像转换为灰度图像,但图像的颜色模式保持不变。此命令与"色相/饱和度"对话框中将"饱和度"设置为−100 的效果相同。"去色"命令只应用于当前图层或选区。

实例 16:使用"去色"命令快速制作单色照片

(1)打开照片,复制背景层,如图 9.124 所示。

图 9.124　原图

(2)提取高光选区(快捷键为 Ctrl+Alt+Z),复制区域内的图像到新图层(快捷键为 Ctrl+J),再将图层模式设置为"柔光",如图 9.125 所示。

图 9.125　提取高光区

(3)盖印可见图层,选择"去色"命令,为图层添加蒙版,使用画笔工具,在需要的地方涂抹,如图 9.126 所示。

图 9.126 "蒙版"设置

（4）盖印可见图层，执行"滤镜"→"模糊"→"模糊"命令，再复制一层，图层模式设置为"叠加"，照片制作完成，如图 9.127 所示。

图 9.127 "叠加"效果

9.3.2 反相

"反相"命令用于反转图像中的颜色，即将图像中的像素颜色转换为其补色。

9.3.3 色调均化

"色彩均化"命令将图像中像素的亮度值重新分布，使其更均匀地呈现所有范围的亮度级，最亮的值呈现为白色，最暗的值呈现为黑色，而中间的值则均匀地分布在整个灰度中。

9.3.4 阈值

使用"阈值"命令可以将灰度或彩色图像转换为高对比度的黑白图像，如图 9.128 所示。

图 9.128 "阈值"对话框

该对话框中显示当前图层图像或当前选区中像素亮度级的直方图。拖动滑块可以修改阈值的大小,设置完毕后所有比该阈值亮度值大的像素会被转换为白色,所有比该阈值亮度值小的像素会被转换为黑色。

实例 17:利用"阈值"命令快速制作高对比度梦幻照片效果

(1) 打开图片,复制背景层,调整"阈值",如图 9.129 所示。

图 9.129 设置"阈值"

(2) 将图层模式设置为"叠加",然后进行"高斯模糊",调整图层"不透明度",如图 9.130所示,图片制作完成,效果如图 9.131 所示。

9.3.5 色调分离

"色调分离"命令的作用和阈值类似,不过它可以指定转变的色阶数,而不像阈值只转变成黑白两种颜色,如图 9.132 所示。

图 9.130　制作效果

(a) 处理前

(b) 处理后

图 9.131　处理前后对比

图 9.132　"色彩分离"对话框

【课堂实践】

9.4　色彩和色调综合调整

实例 18：利用图像调整工具，使花卉照片更加清晰嫩绿

（1）打开一张花卉图片，按 Ctrl＋J 键复制图层，如图 9.133 所示。

图 9.133　复制图层

（2）执行"USM 锐化"滤镜，设置如图 9.134 所示。

（3）再执行"特殊模糊"滤镜，设置如图 9.135 所示。

图 9.134　"USM 锐化"对话框

图 9.135　"特殊模糊"对话框

(4) 接下来连续使用4种工具,分别是"亮度/对比度""色彩平衡""色阶"和"曲线",如图9.136～图9.143所示。

图 9.136　设置"亮度/对比度"

图 9.137　设置"阴影"

图 9.138　设置"中间调"

图 9.139　设置"高光"

图 9.140　设置"色阶"

图 9.141 设置 RGB 通道"曲线"

图 9.142 设置"红色"通道"曲线"

图 9.143　设置"蓝色"通道"曲线"

（5）制作完成，效果如图 9.144 所示，最终图片比以前更清晰、嫩绿。

(a) 处理前　　　　　　　　　　　　　　　　　　(b) 处理后

图 9.144　处理前后对比

实例 19：利用图像调整工具，使人物照片实现艺术效果

（1）打开图片，如图 9.145 所示，发现图片偏黄，首先要调偏色。

（2）复制背景层，执行"匹配颜色"，把"中和"复选框选中，增加亮度，减小颜色强度，如图 9.146 所示。

图 9.145　原图

图 9.146　设置"匹配颜色"

（3）图像变亮了，但颜色显得太深，再复制一层，使用"色相/饱和度"降低图像饱和度，如图 9.147 所示。

图 9.147　设置"色相/饱和度"

（4）为使色调更鲜明，还要对其进行调色处理。新建一层，盖印可见图层，再进行"曲线"调整，如图 9.148 所示。

（5）最后调整一下整体色调，利用"色彩平衡"给它加种泛蓝的冷色，如图 9.149 所示。

（6）提取高光选区（快捷键为 Ctrl＋Alt＋Z），复制区域内的图像到新图层（快捷键为 Ctrl＋J），再将图层模式设置为"柔光"，效果如图 9.150 所示。

（7）磨皮，对细节进行处理，效果如图 9.151 和图 9.152 所示。

图 9.148　设置"曲线"

图 9.149　设置"色彩平衡"

图 9.150　提亮效果

图 9.151 磨皮、虚光

(a) 处理前   (b) 处理后

图 9.152 处理前后对比

实例 20：给汽车换色

使用简单的换色法往往会破坏物体的光线反射，要将图片中物体换色又能够有效地保护物体的光线反射，看不出编辑过的痕迹，才是人们要实现的最终效果。

（1）打开图片，如图 9.153 所示，给打算换色的车身建立选区，如图 9.154 所示。然后执行"选择"→"保存选区"命令，将选区保存起来。

（2）调整"色相/饱和度"，设置如图 9.155 所示。

图 9.153 原图

图 9.154 建立选区

图 9.155 设置"色相/饱和度"

（3）新建图层，使用喜欢的颜色填充该图层，将图层模式改为"正片叠底"，如图 9.156 所示。

图 9.156 图层设置

（4）添加图层蒙版,执行"选择"→"载入选区"命令,将刚才保存的选区加载进来,反选(快捷键为 Ctrl＋Shift＋I),填充黑色(快捷键为 Alt＋退格键:填充前景色,Ctrl＋退格键:填充背景色),最后取消选区,如图 9.157 所示。

图 9.157　添加"蒙版"

（5）选择"色相/饱和度"调整图层,执行"图像"→"应用图像"命令,设置如图 9.158 所示。

图 9.158　"应用图像"设置

（6）复制最上方的图层,设置图层模式为"滤色",反相该图层(快捷键为 Ctrl＋I),如图 9.159 所示。

图 9.159　图层设置

（7）按住 Ctrl 键不放,单击当前层的图层蒙版,加载选区。再次使用"应用图像"命令,设置如图 9.160 所示。

（8）选中当前图层蒙版,使用"色阶"工具(快捷键为 Ctrl＋L)进行调整,直至得到满意的色彩效果。最后取消选区,完成换色的调整,效果如图 9.161 所示。

175

图 9.160 "应用图像"设置

图 9.161 调整"色阶"

实例 21：打造另类意境婚纱照

（1）打开图片，复制背景层并隐藏，如图 9.162 所示。

图 9.162 图层设置

（2）对背景层执行"色相/饱和度"命令，选择"着色"选项，如图 9.163 所示。

图 9.163　设置"色相/饱和度"

（3）显示出复制图层，设置图层模式为"柔光"，如图 9.164 所示。

图 9.164　图层设置

（4）设置"色彩平衡"调节图层，这一步完成后就可以得到很好的效果，如图 9.165 所示。

图 9.165　设置"色彩平衡"

（5）添加"照片滤镜"，如图 9.166 和图 9.167 所示。图片处理完毕，效果如图 9.168 所示。

图 9.166　选择"照片滤镜"

图 9.167 设置"照片滤镜"

(a) 处理前 (b) 处理后

图 9.168 处理前后对比

第10章

应用滤镜创建特殊效果

【知识技能目标】

（1）了解 Photoshop CS6 滤镜的基础知识。

（2）掌握滤镜的使用方法。

（3）识记常用的滤镜和外挂滤镜。

（4）熟练应用各种滤镜制作特殊效果。

【操作任务】

通过灵活应用各种滤镜，制作出特殊的图像艺术效果。

【操作实践】

10.1 滤镜简介

滤镜是 Photoshop 的最大特色之一，具有非常强大的功能，它可以在原来图像的基础上产生变化万千的特殊效果。运用滤镜必须掌握它的使用规则。

（1）滤镜只作用于当前可视图层，可反复、连续使用，但一次只能运用于一个图层上。

（2）滤镜不能应用于位图模式、索引颜色和 48 位 RGB 模式的图像，部分滤镜只对 RGB 色彩模式的图像起作用，部分滤镜只对图层的有颜色的区域有效果，对透明区域不起作用。

（3）滤镜完全靠内存处理，所以内容容量对滤镜生成速度起关键作用，如执行时间过长，想要结束滤镜，只需要按 Esc 键即可。

（4）如想修复滤镜设置，只需按住 Alt 键，这时滤镜里的"取消"按钮就变成"复位"按钮，可将参数设置为调整之前的状态。

（5）滤镜的处理效果以像素为单位，所以不同分辨率的图像，即使设置数据相同，效果也会不同。

（6）预览功能在处理图像时很重要，使用该功能可直接观察到滤镜使用后的效果。

（7）滤镜分自带滤镜和外挂滤镜两类，自带滤镜是指 Photoshop 自己带的滤镜，而外挂滤镜种类很多，如 KPT6 滤镜、KPT7 滤镜、Eye Candy 滤镜等。安装外挂滤镜一般会安装在 Photoshop 安装文件下的 Required\Plug-ins\Filters 文件中，安装之后要重启 Photoshop 才可以使用。

10.2　滤镜的应用

"转换为智能滤镜"：普通的滤镜功能一旦执行，原图层就被更改为滤镜的效果了，如果效果不理想，只能从历史记录里退回到执行前。而智能滤镜，就像给图层加样式一样，在图层面板，可以把这个滤镜删除，或者重新修改这个滤镜的参数，可以关掉滤镜效果的小眼睛而显示原图，所以很方便再次修改。

"滤镜库"：是整合了多个常用滤镜组的设置对话框。利用 Photoshop CS6"滤镜库"可以累积应用多个滤镜或多次应用单个滤镜，还可以重新排列滤镜或更改已应用的滤镜设置。在滤镜库对话框中提供了风格化、扭曲、画笔描边、素描、纹理和艺术效果 6 组滤镜。

10.2.1　"自适应广角"滤镜

Adobe Photoshop CS6 为摄影师提供了一些更简单易用且强大的功能，"自适应广角"（见图 10.1）就是其中之一。顾名思义，这个功能的设计初衷是用来校正广角镜头畸变的。不过它其实还有一个更有用的作用：找回由于拍摄时相机倾斜或仰俯丢失的平面。

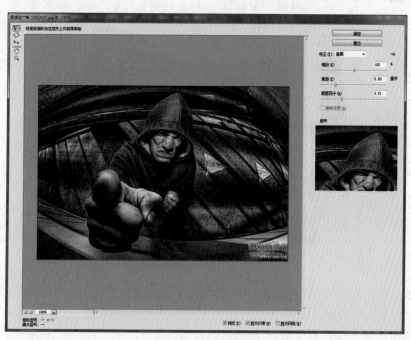

图 10.1　自适应广角

打开原始文件，执行"滤镜"→"自适应广角"命令，快捷键为 Shift＋Ctrl＋A。校正方式有鱼眼、透视、自动和完整球面，具体要根据广角效果的不同进行选择，如图 10.2 所示。

对于本图，在"鱼眼"模式下，手动将线条贴合矫正为直线。可以直接在照片上拖动鼠标拉出一条直线段（在画线过程中，拉出的线条会自动贴合画面中的线条，即表现

图 10.2　校正选项及参数

为曲线。不用担心,这只是为了显示要处理的线条,松开鼠标后就会变成直线)。

在"鱼眼"模式下拉出线条,选中线条后,会显示出下图的 5 个控制点。从左到右依次为端点、旋转控制点、弯度控制点、旋转控制点、端点。调整线条弯度以校正图中原本应为直线的曲线,如图 10.3 所示。

图 10.3　校正曲线

按照同样的方法,依次将所有发生畸变的线条都约束为直线,即完成校正工作。如果需要让某些线段水平或垂直,可以在线段上右击,约束其角度,或手动旋转,如图 10.4 所示。

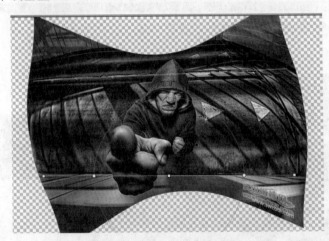

图 10.4　校正曲线及角度

经过校正的图片四周会出现大片空白,因此下一步就是从中剪裁出画面,当然会损失一部分画面。原始画面中的曲线越多,校正的程度越大,损失的边界画面就越多(见图 10.5)。如果在前期拍摄时就考虑要进行后期校正,可以适当增加取景范围,为后期留出余地。

图 10.5　校正前后对比

自适应广角工具是 Photoshop CS6 新增的一个很有用的工具。它可以很简单地校正画面中的直线。不过需要注意的是，这种校正会使原始画面变形。所以在拍摄时应尽量做到准确，不能完全寄希望于后期；且拍摄时应有意给后期留出处理余地。

10.2.2 "镜头校正"滤镜

"镜头校正"滤镜：该滤镜可修复常见的镜头瑕疵，如失真、晕影和色差。使用该滤镜也可以用来旋转图像或者由于拍照时水平或垂直倾斜而导致的图像透视现象。

使用镜头广角端拍摄可能会给画面四周带来严重的暗角。暗角是镜头的一种光学瑕疵，镜头中心部分通常是光学表现最好的部分，而边缘则可能出现暗角或者诸如桶状畸变一类的其他瑕疵。暗角并不是总那么不招人待见，这种微妙的影调变化效果可以塑造画面空间感，或者是充当画面外框的作用突出画面主体。但是，在"镜头校正"（见图 10.6）滤镜的帮助下，人们能更好地对其加以控制。

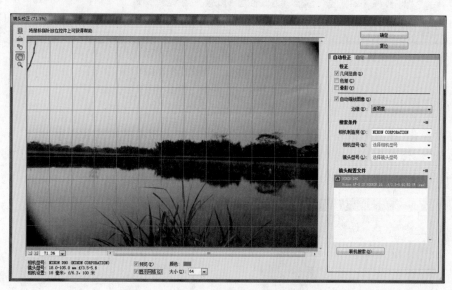

图 10.6 镜头校正

在开始调整照片前，有必要首先复制背景图层。这样做能在万一出问题的时候可以很快重来。打开"滤镜"→"镜头校正"（早期版本中该命令位于"滤镜"→"扭曲"→"镜头校正"）。默认状态下会看到灰色的网格覆盖在作品上，这对于人们精确判断画面暗角会起到干扰，因此取消下方的"显示网格"选项，现在可以清晰地看到画面四周的暗角。

选择"自定"选项卡，对"几何扭曲"、"数量"参数进行调整，如图 10.7 所示，提亮画面暗角。这样做的同时也会对部分曝光正确的天空造成影响，为了避免这种情况，"中点"参数也要进行设置。保持天空中的淡蓝色影调。单击"确定"按钮返回主界面，如图 10.8 所示。

图 10.7 参数调整

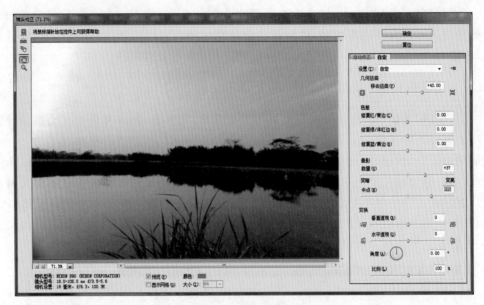

图 10.8　调整后效果

10.2.3　"液化"滤镜

应用"液化"滤镜可以使图像任意扭曲,还可以自定义扭曲的范围和强度。

"液化"滤镜可以用于推、拉、旋转、反射、折叠和膨胀图像的任意区域。执行"滤镜"→"液化"命令,弹出"液化"对话框,如图 10.9 所示。

图 10.9　"液化"对话框

该对话框的主要属性如下。

"向前变形"工具：在拖动时向前推像素，使用该工具，图像会根据鼠标移动的方向扭曲，如图 10.10 所示。

图 10.10　使用"向前变形"工具前后效果对比

"重建"工具：使用该工具可将图像恢复原样。

"顺时针旋转"工具：按住或拖动鼠标时，可顺时针方向扭曲图像，如需要逆时针旋转像素，可以在按住鼠标的同时按住 Alt 键，如图 10.11 所示。

图 10.11　使用"顺时针旋转"工具后前后效果对比

"褶皱"工具：按住或拖动鼠标时，像素朝着画笔区域的中心移动，如图 10.12 所示。

图 10.12　使用"褶皱"工具后前后效果对比

"膨胀"工具：按住或拖动鼠标时，像素远离画笔区域的中心移动，与"褶皱"工具作用相反，它的扭曲效果是向外膨胀，如图 10.13 所示。

图 10.13 使用"膨胀"工具后前后效果对比

"左推"工具：按住或拖动鼠标时，像素远离画笔区域的向左侧移动，如图 10.14 所示。

图 10.14 使用"左推"工具后前后效果对比

10.2.4 "油画"滤镜

Photoshop CS6 新增了"油画"滤镜，这个滤镜在摹仿油画的画布，以及油画色块的立体空间光照效果时有它的独到之处。

10.2.5 "消失点"滤镜

使用 Photoshop CS6"消失点"滤镜可以根据透视原理，在图像中生成带有透视效果的图像，如图 10.15 所示。

使用"创建平面工具"🔲在页面中沿路面创建一个透视平面，如图 10.16 所示。

在"消失点"滤镜中选择"图章工具"🔳，设置相应的属性参数值，按住 Alt 键，在没有杂物位置进行取样，移动鼠标到有杂物的地方，按下鼠标进行涂抹，图像会自动套用透视效果对图像进行仿制。如果图片中存在多处透视效果（如墙面），可创建多个透视平面，再做仿制处理，如图 10.17 所示。

图 10.15　使用"消失点"滤镜前后效果对比

图 10.16　创建透视平面

图 10.17　创建多个透视平面

10.2.6 "风格化"滤镜组

"风格化"滤镜主要作用于图像的像素,可以强化图像的色彩边界,所以图像的对比度对此滤镜的影响较大,"风格化"滤镜最终营造出的是一种印象派的图像效果。

(1)"查找边缘"滤镜:用相对于白色背景的深色线条来勾画图像的边缘,得到图像的大致轮廓。如果先加大图像的对比度,然后再应用此滤镜,可以得到更多更细致的边缘,如图 10.18 所示。

图 10.18 应用"查找边缘"滤镜前后效果对比

(2)"等高线"滤镜:类似于查找边缘滤镜的效果,但允许指定过渡区域的色调水平,主要作用是勾画图像的色阶范围,如图 10.19 所示。

图 10.19 应用"等高线"滤镜前后效果对比

"色阶":可以通过拖动三角滑块或输入数值来指定色阶的阈值(0~255)。

"较低":勾画像素的颜色低于指定色阶的区域。

"较高":勾画像素的颜色高于指定色阶的区域。

(3)"风"滤镜:在图像中色彩相差较大的边界上增加细小的水平短线来模拟风的效果,如图 10.20 所示。

"风":细腻的微风效果。

"大风":比风效果要强烈得多,图像改变很大。

"飓风":最强烈的风效果,图像已发生变形。

"从左":风从左面吹来。

图 10.20　应用"风"滤镜前后效果对比

"从右"：风从右面吹来。

（4）"浮雕效果"滤镜：生成凸出和浮雕的效果，对比度越大的图像浮雕的效果越明显，如图 10.21 所示。

图 10.21　应用"浮雕效果"滤镜前后效果对比

（5）"扩散"滤镜：搅动图像的像素，产生类似透过磨砂玻璃观看图像的效果，如图 10.22 所示。

图 10.22　应用"扩散"滤镜前后效果对比

"正常"：为随机移动像素，使图像的色彩边界产生毛边的效果。

"变暗优先"：用较暗的像素替换较亮的像素。

"变亮优先"：用较亮的像素替换较暗的像素。

"各向异性"：创建出柔和模糊的图像效果。

（6）"拼贴"滤镜：将图像按指定的值分裂为若干个正方形的拼贴图块，并按设置的位移百分比的值进行随机偏移，如图 10.23 所示。

图 10.23　应用"拼贴"滤镜前后效果对比

"拼贴数"：设置行或列中分裂出的最小拼贴块数。

"最大位移"：为贴块偏移其原始位置的最大距离（百分数）。

"背景色"：用背景色填充拼贴块之间的缝隙。

"前景色"：用前景色填充拼贴块之间的缝隙。

"反选颜色"：用原图像的反相色图像填充拼贴块之间的缝隙。

"未改变颜色"：使用原图像填充拼贴块之间的缝隙。

（7）"曝光过度"滤镜：使图像产生原图像与原图像的反相进行混合后的效果（注：此滤镜不能应用在 Lab 模式下），如图 10.24 所示。

图 10.24　应用"曝光过度"滤镜前后效果对比

（8）"凸出"滤镜：将图像分割为指定的三维立方块或棱锥体（注：此滤镜不能应用在 Lab 模式下），如图 10.25 所示。

10.2.7　"模糊"滤镜组

使用"模糊"滤镜组中的滤镜可以对图像进行各种模糊化处理。

（1）"场景模糊"滤镜：场景模糊可以在照片中添加多个控制点来生成与真实镜头产生的景深完全相同的效果。一幅清晰风景图如图 10.26 所示。

有时候，我们想让部分区域模糊一点，以更好地突出主题。例如，近景清晰、远景模糊的景深效果。下面来添加一个"场景模糊"滤镜，如图 10.27 所示。

图 10.25 应用"凸出"滤镜前后效果对比

图 10.26 清晰风景图

图 10.27 "场景模糊"滤镜

选择"场景模糊"滤镜后，整个图像都被模糊，因为只有一个模糊点。在图中再单击一下，添加一个点，然后分别为每个点调整模糊值，0为不模糊。可以添加多个控制点。如图 10.28 所示，是添加了 3 个模糊点后的效果。

图 10.28　调整完控制点后的效果

（2）"光圈模糊"滤镜（见图 10.29）：光圈模糊命令相对于场景模糊命令使用方法要简单很多。通过控制点在选择模糊位置，然后通过调整范围框控制模糊作用范围，再利用面板设置模糊的强度数值控制形成景深的浓重程度。只要将鼠标放在光圈处，按住鼠标拖动，就可以改变光圈的大小和形状。

图 10.29　"光圈模糊"滤镜

（3）"倾斜偏移"滤镜（见图 10.30）："倾斜偏移"这个名字很难让人一下明白它的功能。这个滤镜的英文名称是 Tilt-Shift，有移轴摄影之意。这个滤镜正是用来模拟移轴镜头的虚化效果的。可以任意添加模糊点，改变模糊辅助线的位置、大小等。

图 10.30 "倾斜偏移"滤镜

"模糊"：控制模糊的强弱程度。将"模糊"选项设置为 0 时，整张图像都会变得清晰，否则将会变得模糊。

"扭曲度"：控制模糊扭曲的形状。如果选择了"对称扭曲"项，则会同时对模糊控制点两边的模糊形状进行扭曲调整。

"光源散景"：控制散景的亮度，也就是图像中高光区域的亮度，数值越大亮度越高。所谓散景，是图像中焦点以外的发光区域，类似光斑效果。

"散景颜色"：控制高光区域的颜色。由于是高光，所以颜色一般都比较淡。

"光照范围"：用色阶来控制高光范围，数值为 0～255 之间的数，范围越大，高光范围就越大，反之高光就越少。

"模糊控制点"：用于控制模糊的强弱程度。

"模糊效果起始线"（图 10.30 中实线）：模糊效果开始的位置。

"模糊范围边界线"（图 10.30 中虚线）：用于控制模糊的范围。

（4）"表面模糊"滤镜（见图 10.31）：该滤镜在保留边缘的同时模糊图像，该滤镜可以创建特殊效果并消除杂色或粒度。

（5）"动感模糊"滤镜（见图 10.32）：该滤镜可以沿着指定方向和指定强度对图像进行模糊处理。

"角度"：用于控制动感模糊的方向。范围在 $-360～+360$。

"距离"：用于设置像素距离。

（6）"方框模糊"滤镜（见图 10.33）：该滤镜基于相邻像素的平均颜色值来模糊图像，该滤镜用于创建特殊效果，半径越大模糊效果越好。

图 10.31 "表面模糊"滤镜使用前后效果对比

图 10.32 "动感模糊"滤镜使用前后效果对比

图 10.33 "方框模糊"滤镜使用前后效果对比

(7)"高斯模糊"滤镜(见图10.34):该滤镜利用高斯曲线的分布模式,有选择地模糊图像。该滤镜可以添加低频细节,产生一种模糊效果。

(8)"模糊"滤镜和"进一步模糊"滤镜:这两种滤镜都可以消除图像中有显著颜色变化处的杂色。

"模糊"滤镜主要是使选区或图像变得柔和,淡化图像不同色彩边界。

"进一步模糊"滤镜与"模糊"滤镜的效果相似,但强度比模糊滤镜大得多。

(9)"径向模糊"滤镜(见图10.35):该滤镜模拟缩放或者旋转的相机所产生的模糊,是一种柔化的模糊。

"中心模糊":用于设定模糊区域的中心位置。

"数量":用于设置模糊的强度。

"模糊方法":选取"旋转",将沿着同心圆环模糊,然后指定旋转的度数;选取"缩放",将

图 10.34　"高斯模糊"滤镜使用前后效果对比

沿径向模糊，指定数量在 1～100 之间。

　　"品质"：设置模糊的效果。

图 10.35　"径向模糊"滤镜使用前后效果对比

　　（10）"镜头模糊"滤镜（见图 10.36）：该滤镜可以向图像中添加模糊以产生更窄的景深效果，以便使图像中的一些对象在焦点之内，而使另外一些区域变得模糊。

图 10.36　"镜头模糊"滤镜使用前后效果对比

　　（11）"平均"滤镜（见图 10.37）：该滤镜可以将图像里的色彩进行平均处理，再均匀地填充到图像中去。对于一般的图像来说，该滤镜不会产生效果，只会破坏图像。

　　（12）"特殊模糊"滤镜（见图 10.38）：该滤镜能够精确地模糊图像。

　　"半径值"：确定滤镜搜索要模糊的不同像素的距离。

　　"阈值"：确定像素具有多大差异才会受影响。

　　"品质"：确定模糊的品质。

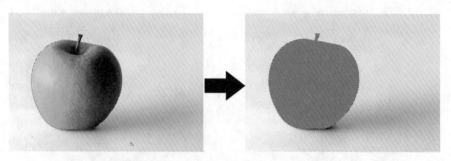

图 10.37 "平均"滤镜使用前后效果对比

"模式"：设置模糊选区的模式。

"边缘优先"模式应用于黑白混合的边缘。

"叠加边缘"模式应用于白色边缘。

图 10.38 "特殊模糊"滤镜使用前后效果对比

（13）"形状模糊"滤镜（见图 10.39）：该滤镜使用指定的形状来创建模糊。在自定义预设列表中选择一种形状，并使用半径滑块来调整其大小，通过单击三角形并从列表中进行选取，可以载入不同的形状库，半径决定了形状的大小。形状越大，模糊效果越好。

图 10.39 "形状模糊"滤镜使用前后效果对比

10.2.8 "扭曲"滤镜组

该组滤镜都是用来对图像进行变形扭曲处理的。执行"滤镜"→"扭曲"命令，该组滤镜包括 9 种滤镜效果。

（1）"切变"滤镜（见图 10.40）："切变"滤镜可以沿着一条曲线扭曲图像。在"切变"对话框中,通过拖动框中的线条来指定曲线,可以调整曲线上任意一点。

图 10.40　"切变"滤镜使用前后效果对比

(2)"波浪"滤镜(见图 10.41):该滤镜可以产生强烈的波纹效果。

图 10.41　"波浪"滤镜使用前后效果对比

(3)"波纹"滤镜(见图 10.42):该滤镜通过在选区上创建波状起伏的图案,通常用来模拟水表面的波纹。

图 10.42　"波纹"滤镜使用前后效果对比

(4)"极坐标"滤镜(见图 10.43):该滤镜可使图像产生强烈的变形,可以选择将选区从平面转换为极坐标,或者将选区从极坐标转换为平面,从而产生强烈的扭曲变形效果。

(5)"挤压"滤镜(见图 10.44):该滤镜可以挤压选区内的图像,使图像产生凸起或者凹陷的效果。

(6)"水波"滤镜(见图 10.45):该滤镜可根据选区中的像素的半径将选区径向扭曲,常常用来模拟水池中涟漪的效果。

"水波"对话框中属性如下。

图 10.43 "极坐标"滤镜使用前后效果对比

图 10.44 "挤压"滤镜使用前后效果对比

图 10.45 "水波"滤镜使用前后效果对比

　　"水波"：用来设置水波方向从选区的中心到其他边缘的反转次数。还可指定如何置换像素。

　　"水池波纹"：将像素置换到左上方或右下方。

　　"从中心向外"：向着远离选区中心置换像素。

　　"围绕中心"：将围绕中心旋转像素。

　　(7)"球面化"滤镜(见图 10.46)：该滤镜可以使图像中心产生凸起或者凹陷的球体效果。

　　(8)"置换"滤镜：使用该滤镜必须使用一张 PSD 格式的图像作为置换图。然后对置换图进行相关的设置，从而产生弯曲、破碎的图像效果。该滤镜根据置换图上的颜色移动图像像素。

图 10.46　"球面化"滤镜使用前后效果对比

(9)"旋转扭曲"滤镜：略。

10.2.9　"锐化"滤镜组

"锐化"滤镜组通过增加相邻像素的对比度来聚焦模糊的图像。

(1)"USM 锐化"滤镜(见图 10.47)：USM 锐化滤镜可以调整边缘细节的对比度,并在边缘的每侧生成一条明线和一条暗线。此过程将使边缘突出,造成图像更加锐化的错觉。该滤镜是锐化效果最强的一个工具。

图 10.47　"USM 锐化"滤镜使用前后效果对比

USM 锐化滤镜在处理图像时使用模糊蒙版,是在图像中用来锐化边缘的传统胶片复合技巧。该滤镜可以校正因照相、扫描、重定像素或打印过程产生的模糊。这对于打印和网上显示图像都非常有用。

对话框中选项含义如下。

"数量"：在文本框中输入数值或者拖动滑块,以确定增加像素对比度的数量,该值越大,锐化效果越明显。对于高分辨率的打印图像,建议使用 150%～200% 之间的数值。

"半径"：在文本框中输入数值或者拖动滑块,以确定影响锐化的边缘像素周围的像素数目。较低的数值仅会锐化边缘像素,较高的数值会锐化更宽范围的像素。对于高分辨率的打印图像,建议使用 1～2 之间的半径值。

"阈值"：用于设定进行锐化所需的阈值。当像素之间的差别小于该阈值时就进行锐化处理。为了避免产生杂色,应使用 2～20 之间的阈值。默认的阈值为 0,将对整幅图像进行锐化处理。

（2）"锐化"滤镜和"进一步锐化"滤镜（见图 10.48）：这两个滤镜都可以锐化图像的颜色边缘，从而使图像更加清晰。进一步锐化滤镜比锐化滤镜有更强的锐化效果。

图 10.48　"锐化"滤镜和"进一步锐化"滤镜使用前后效果对比

（3）"锐化边缘"滤镜："锐化边缘"滤镜首先查找图像中颜色发生显著变化的区域，然后将其锐化。该滤镜只锐化图像的边缘，同时保留总体的平滑度。使用该滤镜时不必指定数量。

（4）"智能锐化"滤镜（见图 10.49）：通过设置锐化算法来锐化图像，或者控制阴影和高光中的锐化量。

图 10.49　"智能锐化"滤镜使用前后效果对比

10.2.10　"视频"滤镜组

（1）"NTSC 颜色"滤镜：NTSC 颜色的实际颜色比 RGB 的范围小，该滤镜可以限制色域，使其成为电视机可以接受的颜色。

如果一个 RGB 图像能够用于 Video 或多媒体时，使用 NTSC 颜色滤镜可以将其转化为近似于 NTSC 系统可以显示的色彩。

（2）"逐行"滤镜："逐行"滤镜通过移动视频图像中的奇数或偶数隔行线，使在视频上捕捉的运动图像变得平滑。用户可以选择通过复制或插值来替换扔掉的线条。

10.2.11　"像素化"滤镜

"像素化"滤镜中的滤镜可以将图像分成一定的区域，将这些区域变成相对应的色块，类似色彩构成的效果。

（1）"彩块化"滤镜（见图 10.50）：该滤镜可以使相近颜色的像素结成相近颜色的像素

块。类似手绘或者抽象类绘画的效果。

图 10.50　"彩块化"滤镜使用前后效果对比

（2）"彩色半调"滤镜（见图 10.51）：可以模仿产生铜版画的效果，即图像的每一个通道扩大网点在屏幕上的显示。

图 10.51　"彩色半调"滤镜使用前后效果对比

执行该命令后，弹出"彩色半调"对话框，该对话框的主要属性如下。

"最大半径"：设置半调网屏的最大半径，以像素为单位，其范围为 4～127。对于灰度图像，只使用通道 1；对于 RGB 图像，只使用通道 1、2、3，分别对应红色、绿色、蓝色通道；对于 CMKY 图像，4 个通道都可以用，分别对应青色、洋红、黄色和黑色通道。

（3）"晶格化"滤镜（见图 10.52）：该滤镜可以将像素结块成为纯色的多边形。

注："晶格化"滤镜可调整单元格尺寸范围在 3～300 之间，但不宜设置过大。

图 10.52　"晶格化"滤镜使用前后效果对比

(4)"点状化"滤镜(见图 10.53):该滤镜可将图像中的颜色分解为随机分布的网点,就像绘画中的点彩派一样。

图 10.53　"点状化"滤镜使用前后效果对比

(5)"马赛克"滤镜(见图 10.54):该滤镜将图像中的颜色结为方块状,产生马赛克效果。

图 10.54　"马赛克"滤镜使用前后效果对比

(6)"碎片"滤镜(见图 10.55):该滤镜可以将选区中的像素进行 4 次复制,然后将 4 个副本平均并轻移,从而产生一种不聚焦的模糊效果。

图 10.55　"碎片"滤镜使用前后效果对比

(7)"铜版雕刻"滤镜(见图 10.56):该滤镜可以将图像转换为黑白区域的随机图案或者彩色图像中完全饱和颜色的随机图案。

图 10.56　"铜版雕刻"滤镜使用前后效果对比

10.2.12　"渲染"滤镜组

使用"渲染"滤镜组中的滤镜可以在图像中产生云彩图案、折射图案和模拟的光反射等效果。

（1）"云彩"滤镜：该滤镜使用介入前景色与背景色之间的随机值，生成柔和的云彩图案。要生成色彩较为分明的云彩图案，按住 Alt 键，然后执行"滤镜"→"渲染"→"云彩"命令即可。

（2）"分层云彩"滤镜（见图 10.57）：该滤镜使用随机生成的介入前景色与背景色之间的值，生成云彩图案。该滤镜将云彩数据和现有的像素混合，其方式与差值模式混合颜色的方式相同。常被用来模仿岩石纹理。

图 10.57　"分层云彩"滤镜

（3）"光照效果"滤镜：Photoshop CS6 中采用了全新的"光照效果"滤镜，它采用了 GPU 加速技术，而且功能改进了不少，从而使得打造的光照效果更为真实。"光照效果"滤镜是一个强大的灯光效果制作滤镜，光照效果包括 17 种光照样式、3 种光照类型和 4 套光照属性，可以在 RGB 图像上产生无数种光照效果，还可以使用灰度文件的纹理（称为凹凸图）产生类似 3D 效果。

"预设"：Photoshop CS6 预设了 17 种光照样式，例如，两点钟方向点光、蓝色全光源、圆形光、向下交叉光、交叉光、默认、五处下射光、五处上射光、手电筒、喷涌光、平行光、RGB 光、柔化直接光、柔化全光源、柔化点光、三处下射光、三处点光，还可以选择载入和存储光源,如图 10.58 所示。

Photoshop CS6 提供了 3 种光源(见图 10.59):"点光"、"聚光灯"和"无限光",在"光照类型"选项下拉列表中选择一种光源后,就可以在对话框左侧调整它的位置和照射范围,或添加多个光源。

添加新光源(见图 10.60):单击 Photoshop CS6"光照效果"属性栏上的 :添加新的聚光灯。单击 :添加新的点光。单击 :添加新的无限光。可以添加新光源,最多可以添加 16 个光源,可以分别调整每个光源的颜色和角度。

光照效果参数面板如图 10.61 所示。

光源的属性如下。

"颜色":用于调整灯光的强度,该值越高光线越强。单击该选项右侧的颜色块,可在打开的 Photoshop CS6"拾色器"中调整灯光的颜色。

图 10.58　光照效果滤镜中的"预设"

图 10.59　光照效果滤镜中的 3 种光源

图 10.60　添加新光源

图 10.61　光照效果参数面板

"聚光"：可以调整灯光的照射范围。

"曝光度"：该值为正值时，可增加光照；该值为负值时，减少光照。

"光泽"：用来设置灯光在图像表面的反射程度。

"环境"：单击"着色"选项右侧的颜色块，可以在打开的"拾色器"中设置环境光的颜色。当滑块越接近"阴片"（负值）时，环境光越接近色样的互补色；滑块接近"正片"（正值）时，则环境光越接近于颜色框中所选的颜色。

"纹理"：可以选择用于改变光的通道。

"高度"：拖动"高度"滑块可以将纹理从"平滑"改变为"凸起"。

（4）"纤维"滤镜（见图 10.62）：该滤镜使用前景色和背景色创建纤维的外观。

图 10.62 "纤维"滤镜使用前后效果对比

（5）"镜头光晕"滤镜（见图 10.63）：该滤镜模拟相机镜头所产生的折射。通过单击图像缩略图的任何一个位置或拖动十字线，可以指定光晕中心位置。

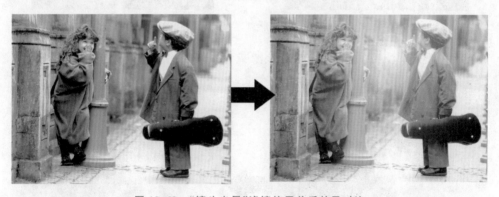

图 10.63 "镜头光晕"滤镜使用前后效果对比

10.2.13 "杂色"滤镜组

"杂色"滤镜组中的滤镜通常用来创建特色的纹理或者将有灰尘和划痕的区域去除。

（1）"中间值"滤镜：该滤镜可以通过混合选区中像素的亮度来减少图像的杂色。该滤镜从像素选区的半径范围内，找到亮度相近的色素，排除与相临色素差异过大的像素，并用搜索到的像素的中间亮度值替换中心像素，通常用来消除图像的动感效果。

（2）"去斑"滤镜：该滤镜可以模糊除去边缘以外的所有选区，这样即模糊掉了杂色又最大程度地保留了细节。

（3）"减少杂色"滤镜：该滤镜可以移去随机分布的颜色像素，数值越大，减少的杂色越多。

"强度"：设置减少图像中杂点的数量。

"保留细节"：该选项可以保留边缘和图像的细节。

"减少杂色"：减少随机的颜色像素。值越大，减少的颜色杂色越多。

"锐化细节"：对图像进行锐化。

"移去 JPEG 不自然感"：选中该选框，可以移去使用低 JPEG 品质设置存储图像时导致的杂色色块。

（4）"蒙尘与划痕"滤镜（见图 10.64）：该滤镜可以通过更改相异的像素来减少杂色。为了在锐化图像和隐藏瑕疵之间取得平衡，可通过对"半径"和"阈值"选项匹配的各种组合设置。

图 10.64　"蒙尘与划痕"滤镜使用前后效果对比

（5）"添加杂色"滤镜（见图 10.65）：该滤镜可以增加一定数量的杂色以随机形式添加到图像中，使其产生颗粒感。

图 10.65　"添加杂色"滤镜使用前后效果对比

10.2.14　"其他"滤镜组

用户可以在"其他"滤镜组中自定义滤镜效果，可以使用滤镜修改蒙版，可以在图像中使选区发生位移和快速调整颜色。

(1)"位移"滤镜：该滤镜可以将选区内的图像移动到指定的水平位置或者垂直位置,而选区的原位置将自动变成空白区域。

(2)"最大值"滤镜(见图 10.66)：该滤镜可以扩大图像中的白色区域,缩小图像中的黑色区域。

图 10.66　"最大值"滤镜使用前后效果对比

(3)"最小值"滤镜(见图 10.67)：该滤镜可以扩大图像中的黑色区域,缩小图像中的白色区域。

图 10.67　"最小值"滤镜使用前后效果对比

(4)"自定"滤镜：该滤镜根据预定义的数学运算,可以更改图像中的每个像素的亮度值,然后根据周围的像素值为每个像素重新指定一个值。此操作与通道的加、减计算类似。

(5)"高反差保留"滤镜(见图 10.68)：该滤镜在有强烈颜色转变发生的地方按照指定的半径保留住边缘细节,并且不显示图像的其余部分。"高反差保留"滤镜可以移去相素中的低频细节,滤镜执行效果正好与"高斯模糊"滤镜相反。

图 10.68　"高反差保留"滤镜使用前后效果对比

10.2.15 Digimarc 滤镜组

在图像中产生水印。用户可以选择图像是受保护的还是完全免费的。水印是作为杂色添加到图像中的数字代码,它可以以数字和打印的形式长期保存,且图像经过普通的编辑和格式转换后水印依然存在。水印的耐用程度设置得越高,则越经得起多次的复制。如果要用数字水印注册图像,可单击个人注册按钮,用户可以访问 Digimarc 的 Web 站点获取一个注册号。

(1)"读取水印":可以查看并阅读该图像的版权信息。如果滤镜找到水印,则对话框会显示创作者 ID、版权年份(如果存在)和图像属性。可以通过"Web 查找"以获得有关图像所有者的更多信息。

(2)"嵌入水印":要嵌入数字水印,你必须首先向 Digimarc Corporation 注册(这是一个用来记载艺术家、设计师和摄影师及他们的联系信息的数据库),以便获取唯一的 Digimarc ID。然后,你可以将诸如版权年份、限制使用标识符等信息一起在图像中嵌入该 Digimarc ID。每个图像只可嵌入一个数字水印。在以前已加过水印的图像上,"嵌入水印"滤镜不起作用。若要确定是否已嵌入水印,请运行"读取水印"滤镜。

【课堂实践】

10.3 综合实例 1: 耀眼光环

综合实例效果如图 10.69 所示。

图 10.69 综合实例 1 效果

(1)新建一个 600 像素×600 像素宽度的画布,填充为黑色。新建一个图层,填充为白色。执行"滤镜"→"渲染"→"光照效果"命令,如图 10.70 所示。

(2)新建一个图层,命名为光亮图层。使用圆形选区工具,调节羽化 20 像素,在中间画一个圆形选区。单击渐变工具,使用如图 10.71 颜色填充渐变(使用径向渐变)。

图 10.70 执行"光照效果"

图 10.71 渐变填充效果

（3）复制光亮图层。将原图层隐藏起来。使用 Ctrl＋T 键变形，将其压扁一些，变形效果如图 10.72 所示。

（4）执行"滤镜"→"扭曲"→"波浪"命令，设置如图 10.73 所示。

图 10.72　变形效果

图 10.73　"波浪"滤镜效果

　　（5）执行"滤镜"→"扭曲"→"旋转扭曲"命令。角度为340°，如果觉得样式不好看，还可以再次进行"滤镜"→"扭曲"→"旋转扭曲"，效果如图 10.74 所示。

　　（6）按住 Alt 键多复制出几个线条。通过 Ctrl＋T 键改变各个光环的大小、方向，并改变图层模式为"颜色减淡"。制作好之后，打开隐藏了的原始光亮图层。调整好位置，并将光亮图层的图层样式改为亮光。得到最终效果，如图 10.75 所示。

图 10.74　"旋转扭曲"效果

图 10.75　最终效果

10.4　综合实例 2：嫦娥奔月

（1）打开素材文件，如图 10.76 所示。

（2）利用钢笔工具沿着人体绘制如图 10.77 所示的路径。

（3）创建一个新图层，选择画笔工具，画笔大小半径为 25，前景色和背景色分别设为白色和黑色，打开路径面板，右击之前创建的路径，选择描边路径，如图 10.78 所示，并勾选"模拟压力"，完成后再删除路径。

图 10.76　素材文件

图 10.77　绘制路径

　　（4）执行"图层"→"图层样式"→"外发光"命令，参数如图 10.79 所示。

　　（5）用橡皮擦工具将人体覆盖的光环线条擦除干净，并旋转画布 90°（顺时针），如图 10.80 所示。

　　（6）复制发光图层，执行"滤镜"→"风格化"→"风"命令，参数选择风，方向选择从右。可以重复几次按 Ctrl＋F 键调整到自己想要的效果。

　　（7）逆时针旋转画布 90°，将图层一副本的图层混合模式改为"溶解"，再适当降低两图层的不透明度，得到最终效果，如图 10.82 所示。

图 10.78 描边路径

图 10.79 外发光图层样式面板参数

图 10.80　顺时针旋转画布 90°

图 10.81　"风"效果

图 10.82　最终效果

Chapter 11

数码照片处理技术

【知识技能目标】

(1) 了解哪些情况需要对数码照片进行处理操作。

(2) 掌握数码照片处理的操作方法。

(3) 识记数码照片处理技术的各种技巧。

(4) 熟练掌握精修(除皱、磨皮)、调色、设计等方法,胜任对数码照片的处理工作。

【操作任务】

通过对数码照片处理技术的灵活运用操作,制作出完美的图像效果。

【操作实践】

11.1 除皱、降噪、美肤

实例 1:除皱、美肤效果

(1) 打开素材图片,如图 11.1 所示。进入"通道"面板,复制"蓝色"通道,执行"滤镜"→"其他"→"高反差保留"命令,如图 11.2 所示。

图 11.1 原图

图 11.2　高反差保留

（2）执行"图像"→"计算"命令，如图 11.3 所示，混合设置为"实色混合"，这一步主要是选出皱纹及噪点。

图 11.3　"计算"命令

（3）载入通道选区（按 Ctrl＋单击计算得到的新通道），反选，进入图层面板，创建"可选颜色"调节图层，修改"红色"数据。经过这一步处理，脸部的皱纹及噪点得到很大改观，如图 11.4 所示。

【小提示】：皱纹和噪点的产生主要是由色彩的不协调造成的，调节色彩使之协调皱纹和噪点自然消失。

（4）盖印可见图层，用"修复工具"修理大的斑点和皱纹，处理完皱纹后的效果如图 11.5 所示。

（5）复制一层，执行"图像"→"调整"→"曝光度"命令，调整照片曝光度，如图 11.6 所示。

（6）盖印可见图层，执行"图像"→"调整"→"阴影/高光"命令，调整暗部细节，如图 11.7 所示。

图 11.4 消除皱纹

图 11.5 处理完皱纹后的效果

图 11.6 调整"曝光度"

图 11.7 使暗部细节显示出来

（7）检查"色阶"，最终效果对比如图 11.8 所示。

(a) 处理前 (b) 处理后

图 11.8 处理前后对比

11.2 后期修饰

实例 2：一种简单的数码照片的后期润饰

（1）打开图片，如图 11.9 所示。建立一个"色相/饱和度"调节图层，用来降低图像饱和度，如图 11.10 所示。

图 11.9 原图 图 11.10 降低"饱和度"

（2）新建图层并更改其图层混合模式为"柔光"，如图 11.11 所示。

（3）用"画笔"或"渐变"工具将需要润饰的部分涂上颜色，如图 11.12 所示。

（4）现在图片色彩过渡不够柔和，执行一次"滤镜"→"高斯模糊"命令，如图 11.13 所示。适当降低图层"不透明度"，制作完成，如图 11.14 所示。

图 11.11 设置新图层

图 11.12 涂抹新图层

图 11.13 高斯模糊

(a) 处理前　　　　　　　　　　(b) 处理后

图 11.14　处理前后对比

11.3　抠图

实例 3：利用工具的抠图处理

（1）打开图片，使用"快速选择"工具把画面中的人物抠选出来，如图 11.15 所示。

图 11.15　快速选择人物

（2）使用工具选项栏上的"调整边缘"按钮。在"调整边缘"对话框中，视图模式有多种选择，选择哪种要看具体情况，我们这次是要能够看清头发选区的边缘，因此选择"黑白"模式，如图 11.16 所示。

（3）设置检测边缘为"智能半径"，然后把半径设为 99 像素，用"抹除调整工具"加工一下眼部细节部分，如图 11.17 所示。

（4）调整完成后单击"确定"按钮，Photoshop 会生成选区，如图 11.18 所示。

图 11.16 黑白模式选项

图 11.17 调整参数

图 11.18 生成选区

（5）再将选区内容复制到新图层，并添加背景即可完成抠图过程。合成效果如图 11.19 所示。

图 11.19 合成效果

实例 4：更精确的抠图处理

（1）打开图片，按 Ctrl＋J 键两次，分别得到图层 1 和图层 1 副本，如图 11.20 所示。

图 11.20 复制图层

（2）新建图层 2，放于图层 1 与背景层之间，并填充喜欢的颜色，作为检验效果和新的背景层，如图 11.21 所示。

（3）隐藏图层 1 副本，对图层 1 执行"图像"→"调整"→"色阶"命令，将"白场"吸管在图中背景上点一下，这样原来的灰色的背景就变成了白色，如图 11.22 所示。

（4）将图层混合模式设置为"正片叠底"，这时微细的发丝就得到了，如图 11.23 所示。

（5）为图层 1 副本层添加"蒙版"，用黑色"画笔"涂抹"蒙版"，在人物主体外涂抹出新的背景及发丝，效果如图 11.24 所示。

图 11.21 设置新背景层

图 11.22　调整"色阶"

图 11.23　头发被抠出

图 11.24　涂抹"蒙版"

（6）为图片添加其他背景，调整一下人物层亮度，最终效果如图 11.25 所示。

图 11.25　添加背景图片

实例 5：抠取透明婚纱

（1）打开新娘照片，为了不破坏背景层，使用 Ctrl＋J 键复制背景层，如图 11.26 所示。

图 11.26　复制图层

（2）新建图层，放于"背景"层与"图层 1"之间，填充颜色，作为检验效果和新的背景层，如图 11.27 所示。

（3）选择"图层 1"，打开通道面板，找到一个婚纱与背景反差大的颜色通道，选择红色通道，复制红色通道，如图 11.28 所示。

（4）将图像中完全不透明的部分涂成白色，背景调为纯黑色，可借助"色阶"中的定黑场工具和"加深"工具，如图 11.29 所示。

（5）取红色副本中的选区（按住 Ctrl 键，点缩略图），如图 11.30 所示。

图 11.27　设置新的背景层

图 11.28　复制红色通道

图 11.29　通道处理后的效果

图 11.30　取出选区

（6）单击 RGB 混合通道，再给图层 1 添加蒙版，如图 11.31 所示。

图 11.31　添加图层蒙版

（7）可以看到人物本身显示为不透明，而婚纱则显示为半透明，接着更换喜欢的背景图片，抠图过程就完成了，如图 11.32 所示。

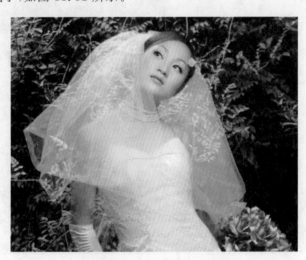

图 11.32　改变背景后的效果

11.4　调偏色

实例 6：家庭数码儿童照片的处理

由于光线或数码相机的某些原因，在家中拍出的照片或多或少存在一些质量问题，主要表现为：照片人物偏黄或偏红、人物噪点多、人物皮肤不通透等，针对以上问题，可采用以下方法进行调整。

（1）打开图片，创建"可选颜色"调节图层，做降低"红色"、"黄色"的操作，如图 11.33 所示。

(a)降低"红色"

(b)降低"黄色"

图 11.33　调整"可选颜色"

　　(2) 创建"色相/饱和度"调节图层,继续降低黄色,照片的偏色情况基本好转,如图 11.34 所示。

　　(3) 创建"曲线"调节图层,单击"自动"按钮,增强图片的对比度,如图 11.35 所示。

　　(4) 创建"色彩平衡"调节图层,协调整张照片的色彩,如图 11.36 所示。

　　(5) 提取偏红色选区(快捷键为 Ctrl+Alt+3)创建"曲线"调节图层,增加此区域的对比度,并降低"红色"通道亮度,如图 11.37 所示。

　　(6) 创建"色彩平衡"调节图层,再对整张照片做色彩调整,如图 11.38 所示。

　　(7) 盖印可见图层,执行"图像"→"调整"→"阴影/高光"命令,调亮图像暗部。

图 11.34　调整"色相/饱和度"

图 11.35　调整"曲线"

图 11.36　调整"色彩平衡"

(a) 调整"曲线"（一）

图 11.37　调整"曲线"

(b) 调整"曲线"（二）

图 11.37　续

图 11.38　设置"色彩平衡"

（8）最后执行"自动色阶"命令，效果如图 11.39 所示。

实例 7：处理偏紫照片

（1）打开图片，创建"色阶"调节图层，分别对各"通道"进行调节，如图 11.40 所示。

(a) 处理前   (b) 处理后

图 11.39   处理前后对比

图 11.40   调整"色阶"

（2）创建"可选颜色"调节图层，分别对"红色"、"黄色"进行调节，如图 11.41 所示。

（3）创建"色相/饱和度"调节图层，降低"红色"饱和度，对"洋红"进行调节，此时图片偏紫现象得到很好的校正，如图 11.42 所示。

(a) 调节"红色"　　　　　　　　(b) 调节"黄色"

图 11.41　调整"可选颜色"

(a) 调节"红色"　　　　　　　　(b) 调节"洋红"

图 11.42　设置"色相/饱和度"

(4) 盖印可见图层,对图片进行美化,对盖印层全选、复制,到新文件里粘贴,得到另一个新文件,对新文件执行"图像"→"模式"→Lab(为保持图层的完整性,在新文档中进行 Lab 模式的转换)命令,如图 11.43 所示。

(5) 再执行"图像"→"应用图像"命令,进行下图设置,再做一次相同的操作,设置如前,然后将文件拖到第一个文件的最上层,此步骤的目的是增强人物皮肤的色彩,如图 11.44 所示。

(6) 复制这一层,做"高斯模糊",如图 11.45 所示。执行"编辑"→"渐隐高斯模糊"(快捷键为 Ctrl+Shift+F)命令,降低"不透明度","模式"设置为"滤色",如图 11.46 所示。

(7) 双击"图层 2 副本",打开"混合选项"面板,按 Alt 键,调整"本图层"双箭头,目的是加深暗部,减少模糊度,如图 11.47 所示。

(8) 盖印可见图层,对图片进行锐化,最终效果如图 11.48 所示。

图 11.43　对新文件的修改

图 11.44　对"应用图像"的设置

图 11.45　设置"高斯模糊"

图 11.46　"渐隐"设置

图 11.47　对"混合选项"的设置

(a) 处理前　　　　　　　　　　(b) 处理后

图 11.48　处理前后对比

实例 8：调整皮肤的通透性

（1）打开图片，打开"通道"面板，分别对 R、G、B 三个通道取选区（按住 Ctrl 键单击通道），返回"图层"面板，创建"曲线"调节图层，如图 11.49 所示。

图 11.49　提取"通道"建立"曲线"调整图层

（2）设置"曲线 1"图层混合模式为"柔光"，RGB 曲线调节如图 11.50 所示。

（3）设置"曲线 1"中"红色"通道曲线，如图 11.51 所示。

图 11.50　调节"曲线"　　　　　图 11.51　调节"红色"通道曲线

（4）设置"曲线 2"图层混合模式为"柔光"，调节 RGB 通道曲线，如图 11.52 所示。

（5）设置"曲线 3"图层混合模式为"柔光"，调节 RGB 通道曲线，如图 11.53 所示。

图 11.52　调节 RGB 通道曲线（一）　　　图 11.53　调节 RGB 通道曲线（二）

（6）再创建新的"曲线"调节图层，调节 RGB 通道曲线。

（7）对"曲线 4"的"红色"通道进行调节，如图 11.55 所示。

图 11.54　调节 RGB 通道曲线（三）

图 11.55　调节"红色"通道曲线

（8）对"曲线四"的"蓝色"通道进行调节，如图 11.56 所示。

（9）用"魔术棒"工具容差设置为 20，在暗部单击，右击选择"选取相似"，保留暗部细节，如图 11.57 所示。

图 11.56　调节"蓝色"通道曲线

图 11.57　创建选区

（10）将选区"羽化"，半径为 2 像素，将"背景色"设置为 RGB（114、113、113），用"背景色"填充"蒙版"，如图 11.58 所示。

图 11.58　添加"蒙版"

处理前后对比如图 11.59 所示。

(a) 处理前

(b) 处理后

图 11.59　处理前后对比

实例 9：美化肌肤

(1) 打开图片,复制背景层,如图 11.60 所示。

图 11.60　复制背景层

(2) 执行"图像"→"调整"→"匹配颜色"命令,勾选"中和"复选框,如图 11.61 所示。

图 11.61　设置"匹配颜色"

（3）执行"图像"→"应用图像"命令，选择 RGB 通道，在"混合"下拉列表中选择"滤色"。

图 11.62　"应用图像"对话框

（4）色彩校正完毕，然后处理皮肤噪点，方法详见 11.1 节中的实例 1。
降噪后效果如图 11.63 所示。

图 11.63　降噪后效果

（5）图片不够清晰，需要进一步加工，盖印可见图层后复制一层，执行"图像"→"调整"→"去色"命令，如图 11.64 所示。

（6）执行"图像"→"调整"→"反相"命令，如图 11.65 所示。

（7）将图层混合模式改为"颜色减淡"，如图 11.66 所示。

图 11.64 "去色"效果

图 11.65 "反相"效果

图 11.66 "颜色减淡"后图层效果

（8）执行"滤镜"→"其他"→"最小值"命令，弹出"最小值"对话框，如图 11.67 所示。

图 11.67 设置"最小值"

（9）在图层"混合选项"中，按住 Alt 键将三角拉到最后，如图 11.68 所示。

图 11.68 设置"混合选项"

处理前后对比如图 11.69 所示。

(a) 处理前　　　　　　　　　　　　(b) 处理后

图 11.69 处理前后对比

实例 10：调出最佳颜色

（1）打开图片，按 Ctrl＋Alt＋2 键把图片高光选择出来，如图 11.70 所示。

图 11.70　提取高光区

（2）新建一层，填充为白色，并将透明度改为 50％，去掉选区，这样的目的是使图像色调变亮，如图 11.71 所示。

图 11.71　调亮

（3）盖印可见图层，复制盖印层，如图 11.72 所示。

（4）进入通道面板，选择"蓝色"通道，执行"图像"→"应用图像"命令，在"混合"下拉列表中选择"正片叠底"，如图 11.73 所示。

（5）将"绿色"通道和"红色"通道也做"应用图像"的处理，"不透明度"分别为 50％和 20％，不要选择"反相"，如图 11.74 和图 11.75 所示。

（6）复制背景层，并拖到图层最上方，将图层混合模式设置为"强光"，制作完毕，如图 11.76 所示。

图 11.72　复制图层

图 11.73　设置"应用图像"

图 11.74　对"绿色"通道"应用图像"

图 11.75　对"红色"通道"应用图像"

(a) 处理前　　　　　　　　　　　(b) 处理后

图 11.76　处理前后对比

11.5　照片暗部修整

实例 11：调整照片反差

（1）打开一张主体发暗的照片，如图 11.77 所示，这是由于对着天空测光而造成的，地面景物明显曝光不足。

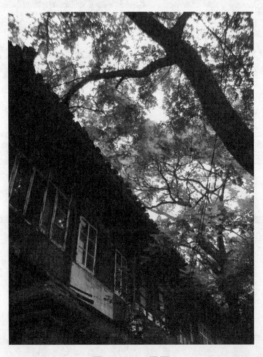

图 11.77　原图

（2）进入通道面板，复制"蓝色"通道，执行"滤镜"→"模糊"→"高斯模糊"命令，如图 11.78 所示，这一步是为下面的分界范围做准备。

（3）回到图层面板，执行"选择"→"载入选区"命令，选择"反相"复选框，我们看到要处理的照片暗部被选择了出来，如图 11.79 所示。

（4）接下来对选择出的暗部进行处理，执行"编辑"→"填充"命令，如图 11.80 所示。

图 11.78　"高斯模糊"

图 11.79　"载入选区"

图 11.80　对选区"填充"

（5）照片的黑色部分开始显示出层次，这步操作可多次使用。按 Ctrl＋D 键取消选区，最终效果如图 11.81 所示。

(a) 处理前   (b) 处理后

图 11.81 处理前后对比

参 考 文 献

［1］ 黄学光，陈强. Photoshop 图像处理技术［M］. 北京：地质出版社，2006.

［2］ 朱伟华，孙炳欣，等. Photoshop 平面设计教程［M］. 北京：清华大学出版社，2013.

［3］ 李涛，周彩根. Photoshop CS5 中文版案例教程［M］. 北京：高等教育出版社，2015.

［4］ 汪可，张明真，於文财. Adobe Photoshop CS6 标准培训教材（一看就懂的 Photoshop 入门书）［M］. 北京：人民邮电出版社，2013.

［5］ 张丹丹，毛志超. 中文版 Photoshop 入门与提高［M］. 北京：人民邮电出版社，2012.

［6］ 亿瑞设计. Photoshop CS6 从入门到精通［M］. 北京：清华大学出版社，2013.

［7］ Scott Kelby. Photoshop CS6 数码照片专业处理技法［M］. 北京：人民邮电出版社，2013.

［8］ 华天印象. 中文版 Photoshop CC 实战 618 例［M］. 北京：人民邮电出版社，2015.

［9］ 柏松. 中文版 Photoshop CS6 从零开始完全精通［M］. 上海：上海科学普及出版社，2015.